高等学校德语专业系列教材

工程师
德语阅读教程

DEUTSCHES LESEBUCH FÜR INGENIEURINNEN UND INGENIEURE

主　编　黄　扬

副主编　孙昊晨　童伟芳

编　者　林　凡　朱冠文　段鸿鹏

ZHEJIANG UNIVERSITY PRESS
浙江大学出版社
·杭州·

图书在版编目（CIP）数据

工程师德语阅读教程 / 黄扬主编. -- 杭州 ： 浙江
大学出版社，2024. 6. -- ISBN 978-7-308-25149-5

Ⅰ．TB

中国国家版本馆CIP数据核字第20241F6K44号

工程师德语阅读教程

主　编　黄　扬
副主编　孙昊晨　童伟芳
编　者　林　凡　朱冠文　段鸿鹏

策划编辑　包灵灵
责任编辑　包灵灵
责任校对　杨诗怡
封面设计　林智广告
出版发行　浙江大学出版社
　　　　　（杭州市天目山路148号　　邮政编码310007）
　　　　　（网址：http://www.zjupress.com）
排　　版　杭州林智广告有限公司
印　　刷　杭州宏雅印刷有限公司
开　　本　787mm×1092mm　1/16
印　　张　15.5
字　　数　380千
版 印 次　2024年6月第1版　2024年6月第1次印刷
书　　号　ISBN 978-7-308-25149-5
定　　价　68.00元

前　言

　　《工程师德语阅读教程》以党的二十大精神为指引，有机融入了社会主义核心价值观、中华优秀传统文化、中国特色社会主义"四个自信"等内容，旨在实现知识传播、能力培养与价值引领目标。同时，本教材以新文科等新时代高等教育教学理念为引导，具有四"新"特点。一是突出人文精神重塑与培养，培养学生的创新意识和科学品格。二是注重新文科建设中的学科融合，强调外语与其他人文领域交融、外语与工科交融，体现综合性、跨学科性和融通性。三是探究教育方式和学习方法的革新，开展信息化、创新性教育。四是彰显以解决问题和满足社会需求为导向的人才培养模式，培养新型外语人才。

　　学习本教材能够帮助学生了解中德工程师职业概况、职业素养，以及全球化背景下的工程师形象，掌握与中德工程师文化相关的德语应用能力，培养学生的国际视野和跨文化交际能力，增进其对不同文化的理解。同时，本教材通过中德相关主题的对比教学对学生进行思政教育，能够使学生厚植家国情怀，坚定"四个自信"。

　　（1）教材编写理念

　　本教材以产出导向法（Production Oriented Approach，简称POA）为编写理念。按照POA理论，教学过程可分为驱动环节、促成环节和评价环节。驱动环节主要是通过产出使学生认识到自己的不足，从而调动他们的学习积极性。促成环节主要是为了使学生完成产出任务而有针对性地提供"脚手架"。该环节涉及内容、语言和话语结构多个方面，即教师提供相应的输入材料，同时设计适宜的教学活动帮助学生将这些材料从接受性知识转换为产出性知识。评价环节可以是学生自评、生生互评或教师评价。

　　（2）教材编写内容

　　本教材分为5大模块，共15个单元，每个模块的各个单元均围绕1个主题进行编写，具体如下表所示。

模块	教学单元	主题
工程师培养	Lektion 1 Die Fachhochschule in Deutschland	德国应用科学大学
	Lektion 2 Die Duale Hochschule in Deutschland	德国双元制大学
工程师职业	Lektion 3 Praktikum machen	实习
	Lektion 4 Jobsuche	应聘
	Lektion 5 Einstieg in den Beruf	入职
	Lektion 6 Ingenieure werden	成为工程师
	Lektion 7 Berufsaussichten für Ingenieure	工程师就业前景
中德工程师	Lektion 8 Arten von Ingenieuren	工程师类型
	Lektion 9 Chinesische Ingenieure	中国工程师
	Lektion 10 Deutsche Ingenieure	德国工程师
	Lektion 11 Ingenieure in der Zukunft	未来工程师
工程师与中德经贸往来	Lektion 12 Güterzugverbindungen zwischen China und Europa	中欧班列
	Lektion 13 Chinesische Unternehmen in Deutschland	中国企业在德国
	Lektion 14 Deutsche Unternehmen in China	德国企业在中国
虚拟仿真实验准备	Lektion 15 Szenen vom Ingenieurstudium	工程学习场景

（3）教材编写结构

本教材结构设计科学、合理，主要分为以下几个部分。

学习目标（Lernziel）：确定3—4条本单元学习目标，一般包括知识目标、能力目标和价值目标。

导入（Einführung）：课前准备部分，提供单元主题的背景信息，布置1个课前驱动任务，使学生知困、知不足，从而调动学生的学习积极性和主动性。

词汇与语法（Wortschatz und Grammatik）：词汇和语法学习部分，帮助学生掌握德语语言知识，为产出任务做准备。

阅读课文（Texte）：学生可扫码观看讲解视频和辅助学习资料。建议教师采取内容语言融合法进行教学。

产出任务（Aufgabe）：在学习词汇、短语、句型、语法、主题内容等之后，学生即可完成本单元的产出任务。

评价与反馈（Evaluation）：学生自评，引发学生对学习效果的自我反思。

本教材所呈现的词汇、短语和句型能够帮助学生提升德语表达能力，增强德语运用能力和交际能力。在教学过程中，教师需要挖掘和提炼阅读课文中的德语语言知识，以提升教学效果。本教材中的练习能够引导学生习得并检验德语语言知识，使学生能够运用所学对单元的主题内容进行表达，从而完成产出任务。

（4）教材特色

本教材是新形态教材和产教融合教材。首先，各单元相关阅读课文均配有讲解视频，作为教材使用的辅助线上资源，以二维码的形式呈现在教材相应位置。其次，上海某数字技术公司人员段鸿鹏参与了本教材建设，从工程师职业角度对教材内容提出了建议，并协助开发了第 15 单元的虚拟仿真实验软件。该单元依照浙江科技大学"中国德语学习者跨文化场景体验虚拟仿真实验教学项目"的内容设计，旨在开阔学生的国际视野，进一步增强学生的中德跨文化交际能力。

本教材编写团队由浙江科技大学中德学院多位从事多年德语教学及研究的教学骨干和副教授组成。主编黄扬提出了教材的编写理念与原则，设计了教材框架与单元结构以及讲解视频的形式和内容，负责各单元的审校与定稿，以及第 15 单元虚拟仿真实验的设计与建设，同时负责第 6、7、10、11、15 单元的初稿编写。孙昊晨负责第 4、5、8、9、10、11 单元的初稿编写，童伟芳负责第 13、14 单元初稿编写，林凡负责第 3、12 单元的初稿编写，朱冠文负责第 1、2 单元的初稿编写。

本教材是 2022 年度浙江科技学院（现为浙江科技大学）教材建设项目和 2023 年度浙江科技学院教学研究与改革重点项目（项目编号：2023-jg26）的阶段性成果之一。感谢教材编写团队的辛勤付出，感谢浙江科技大学教务处和中德学院的大力支持，感谢浙江大学李媛教授、上海外语教育出版社陈懋老师、德籍友人乌尔里希·勒姆希尔德（Ulrich Roemhild）先生、浙江大学出版社包灵灵老师的帮助和宝贵意见。教材正式出版前，试用院校的老师和同学也提出了中肯的建议，在此一并感谢。

因时间仓促和编者能力有限，教材难免有不尽如人意之处。编写团队恳请使用本教材的老师和同学提出宝贵意见，以便后续改进。

编者
2024 年 6 月

Katalog

Lektion 1

Die Fachhochschule in Deutschland......................................1

Lektion 2

Die Duale Hochschule in Deutschland..............................15

Lektion 3

Praktikum machen 32

Lektion 4

Jobsuche...49

Lektion 5

Einstieg in den Beruf...64

Lektion 6

Ingenieure werden 79

Lektion 7

Berufsaussichten für Ingenieure.................................97

Lektion 8

Arten von Ingenieuren...115

Lektion 9

Chinesische Ingenieure..130

Lektion 10

Deutsche Ingenieure 147

Lektion 11

Ingenieure in der Zukunft 163

Lektion 12

Güterzugverbindungen zwischen China und Europa 180

Lektion 13

Chinesische Unternehmen in Deutschland 196

Lektion 14

Deutsche Unternehmen in China 216

Lektion 15

Szenen vom Ingenieurstudium 232

Zhang Ming studiert in Hangzhou an der Zhejiang Universität für Wissenschaft und Technologie Elektrotechnik. Die Uni hat enge Zusammenarbeit mit ein paar deutschen Fachhochschulen. Zhang Ming lernt Deutsch, weil er nach Deutschland zum Studium fahren möchte. Elektroingenieur ist sein Traumberuf. Nach der sprachlichen Deutschprüfung und dem Interview von deutschen Professoren aus den Partnerhochschulen kommt er in Deutschland an und beginnt mit dem Studium an der Hochschule Hannover.

Die Fachhochschule in Deutschland

Lernziel

◆ Sprachkenntnisse wie *werden* als Vollverb und Hilfsverb usw. beherrschen

◆ die Fachhochschule in Deutschland kennenlernen

◆ Wünsche formulieren und ausdrücken

◆ eine Auswahl treffen und begründen

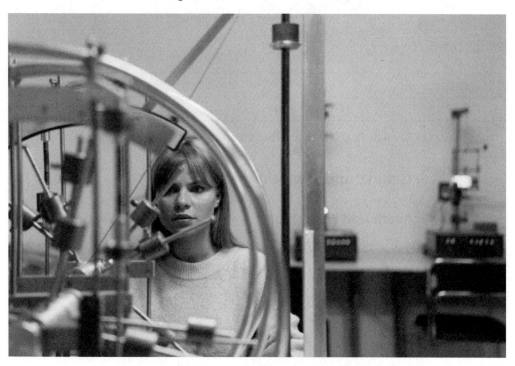

Teil 1 / Einführung

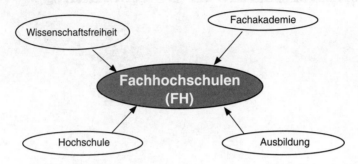

Suchen Sie vor dem Kurs einige Informationen über die Fachhochschulen in Deutschland. Stellen Sie sich die folgenden Fragen:

(1) Was ist Fachhochschule/FH?

(2) Seit wann gibt es Fachhochschulen und was ist der Hintergrund dafür?

(3) Was ist der Unterschied zwischen einer Fachhochschule und einer Universität?

Andere Fragen schreiben Sie auf.

_____

_____

_____

Tauschen Sie im Kurs die Ergebnisse mit Ihrem Partner oder Ihrer Partnerin aus.

Teil 2 / Wortschatz und Grammatik

1. werden: Vollverb und Hilfsverb

werden 作为实义动词和助动词

(1) werden 作为实义动词，意思是成为、变成

Mein Sohn wird in drei Jahren Ingenieur.

Emma wird heute 23.

Hans wird wieder gesund.

(2) werden 作为被动语态的助动词，和第二分词共同构成被动态

Ingenieure werden in Deutschland dringend gebraucht.

Auch in China werden mehr Elektroniker benötigt.

(3) werden 作为将来时的助动词，和动词原形共同构成将来时

Lena wird in Deutschland Mathematik studieren.

Die Anzahl der Mechaniker wird steigen.

✐Übung

Bilden Sie Sätze mit *werden*.

(1) Autos fahren selbstständig.

_____

(2) Naturwissenschaftler haben gute Zukunft.

_____

(3) Sie studiert Maschinenbau und ist in zwei Jahren Mechanikerin.

_____

(4) Der Text ist vom Computerprogramm übersetzt.

_____

2. höflicher sagen mit *hätten, wären, könnten, würden*

hätten, wären, könnten, würden 用于礼貌地表达意愿

(1) Hätten Sie vielleicht Zeit für mich?

(2) Ich möchte in Deutschland studieren, wäre das möglich?

(3) Könnten Sie mir vielleicht helfen, der Koffer ist mir zu schwer.

(4) Ich würde Sie mal später zurückrufen.

✐Übung

Füllen Sie die Lücken mit *hätten, wären, könnten* oder *würden* aus.

(1) Ich _____ mal eine Frage, und zwar ...

(2) _____ Sie die E-Mail für mich ausdrucken?

(3) _____ Sie damit einverstanden?

(4) Ich _____ für Sie das Fenster mal öffnen.

3. weder ... noch ... 既不……也不……

(1) Der Student spricht **weder** viel **noch** laut.

(2) Das hat **weder** Sinn **noch** Verstand.

✏ **Übung**

Verbinden Sie die Sätze mit *weder ... noch ...*

(1) Wir fahren nicht mit dem Bus. Wir fahren nicht mit der U-Bahn.

_____

(2) Er hat keine Tochter. Er hat keinen Sohn.

_____

(3) Er möchte nicht im Ausland arbeiten. Er möchte nicht im Ausland Praktikum machen.

_____

4. Komparativ und Superlativ von alt und hart

alt 和 hart 的比较级和最高级

alt-älter-am ältesten

hart-härter-am härtesten

(1) Er ist um zwei Jahre älter als ich.

(2) Der Vater ist jetzt härter als früher gegen seine Kinder.

✏ **Übung**

Füllen Sie die Lücken mit *alt, älter, hart* oder *härter* aus.

(1) Jonas ist sieben Jahre _____. Julia ist um drei Jahre _____ als Jonas.

(2) Die Entscheidung ist zu _____ für ihn.

(3) Diese Technik ist jetzt schon _____ geworden und wir brauchen neue.

(4) Das Leben in Afghanistan ist viel _____ als das in Bangladesch.

Teil 3 / Texte

Text A

Text A Aufgabe 1

Die Hochschulen für Angewandte Wissenschaften/Fachhochschulen (HAW/FH)

Hohe Qualität der Lehre bei starkem Praxisbezug und Nähe zur Wirtschaft – das bieten die Hochschulen für Angewandte Wissenschaften/Fachhochschulen (HAW/FH). Dank der engen Vernetzung mit regionalen, aber auch internationalen Unternehmen haben

Absolventinnen und Absolventen gute Karrierechancen. Auch internationalen Studierenden eröffnen sich durch ein Studium an einer HAW/FH vielfältige Möglichkeiten, diesen besonderen Anwendungsbezug für ihren persönlichen Weg in eine erfolgreiche Karriere zu nutzen.

Die ersten HAW/FH wurden vor etwa 50 Jahren als sogenannte „Fachhochschulen" gegründet. Inzwischen führen diese Hochschulen unterschiedliche Bezeichnungen, als gemeinsamer Begriff hat sich „Hochschule für Angewandte Wissenschaften" durchgesetzt. Die über 200 HAW/FH mit Fokus auf anwendungsbezogene Forschung und Lehre sind neben den Universitäten, die stärker auf Grundlagenforschung setzen, ein wichtiger Bestandteil der deutschen Hochschul- und Forschungslandschaft. Zu ihren Stärken zählen moderne Lehr- und Lernbedingungen und relativ kleine Unterrichtsgruppen. Im Fokus stehen dabei stets der Anwendungsbezug und die Ausrichtung auf berufliche Anforderungen. Zum Alltag gehören Praxisübungen, zum Beispiel in Laboren oder in technischen Projektgruppen. Zudem sind Praktika oder Praxissemester im Normalfall Pflicht.

(nach: https://www2.daad.de/der-daad/daad-aktuell/de/76846-internationalisierung-von-hawfh-aktuell-stand/)

Gut zu wissen!

Aufgaben

1. Richtig oder falsch, kreuzen Sie an.

	richtig	falsch
(1) Die FH bietet mehr praktische Möglichkeiten als Universität.	( )	( )
(2) Die Universität hat enge Verbindung mit internationalen Unternehmen.	( )	( )
(3) Die ersten FHs wurden nach dem zweiten Weltkrieg gegründet.	( )	( )
(4) Moderne Lehr- und Lernbedingungen und relativ kleine Unterrichtsgruppen sind Stärken von Universitäten.	( )	( )

2. Suchen Sie im Text und schreiben Sie das entsprechende Substantiv.

Beispiel: lang — die Länge

vernetzen —

möglich —

bezeichnen —

anwendungsbezogen —

ausrichten —

3. Bilden Sie Sätze.

> **Redewendung**
>
> sich durch ... eröffnen
>
> mit Fokus auf ...
>
> zum Alltag gehören ...

4. Sprechübung.

Anna und Lili sind gute Freundinnen und leben zusammen in Berlin. Anna möchte an der Technischen Universität Berlin studieren, weil sie glaubt, dass es mit einem Universitätsabschluss leichter ist, eine Arbeit zu finden als mit einem FH-Abschluss. Aber Lili sieht das nicht so. Sie denkt, dass die FH Hannover besser für sie geeignet ist, weil es dort viele praktische Kurse gibt, was es leichter macht, einen Praktikumsplatz und damit eine Arbeit ihrer Wahl zu finden.

Darüber machen die beiden einen Dialog.

> Anna: Lili, ich glaube/würde...
>
> Lili: ...

Text Ⓑ

Welche Fächer kann man an HAW/FH studieren?

Prinzipiell können Studierende jede Fachrichtung belegen – bis auf Lehramt, Medizin, Jura und Theologie. Diese vier Fächer bieten in Deutschland nur die Universitäten an. Allerdings findet man an den HAW/FH mit diesen _____ verwandte spezialisierte Fächer wie beispielsweise Medizintechnik. Viele HAW/FH bieten eine sehr große Bandbreite an unterschiedlichen Fächern an.

Besonders verbreitet an HAW/FH sind technische, ingenieurwissenschaftliche und wirtschaftswissenschaftliche _____. Transnationale Studiengänge und binationale Hochschulen weltweit orientieren sich inzwischen am deutschen Modell der HAW/FH.

In Deutschland kooperieren die HAW/FH vielerorts direkt mit Praxispartnern, betreiben anwendungsorientierte Forschung und einen starken Wissens- und Technologietransfer. Das gilt insbesondere für bestimmte _____ Deutschlands wie beispielsweise die Automobil- und ihre Zulieferindustrie oder Erneuerbare Energien. Diese exportorientierten Industrien mit Produktionsstätten in vielen Regionen der Welt sind weltweit auf der Suche nach gut _____ Fachleuten mit Sprachkenntnissen und interkulturellen

Kompetenzen. Hier sind internationale Studierende mit dem lokalen Know-how aus ihren Heimatländern und mit ihren Sprachkenntnissen besonders gefragt. Sie haben daher nach einem Studienabschluss auch sehr gute Chancen auf eine _____ – ob in Deutschland oder weltweit.

(nach: https://static.daad.de/media/daad_de/pdfs_nicht_barrierefrei/in-deutschland-studieren-forschen-lehren/haw_broschüre_de_2019.pdf)

Aufgaben

1. Was passt? Füllen Sie die Lücken aus.

Beschäftigung	Studiengänge	Fächergruppen	Industriezweige	qualifizierten

2. Was bedeuten *spezialisiert* und *anwendungsorientiert* im Text?

spezialisiert _____

anwendungsorientiert_____

3. Bilden Sie Sätze.

Redewendung

eine sehr große Bandbreite an ... bieten

sich an ... orientieren

auf der Suche nach ...

gute Chance auf ... haben

Satz

Besonders verbreitet an FH sind ...

4. Sprechübung.

Sprechen Sie mit Ihrem Partner oder Ihrer Partnerin.

● Möchten Sie an der FH studieren? Und warum?

● Ich möchte/würde an der FH studieren

Ich möchte/würde nicht an der FH studieren, ...

Ich möchte/würde an der FH Maschinenbau/Bauingenieurwesen /Informatik... studieren, denn die Fächer dort viel praktischer und...

Ich möchte/würde nicht an der FH studieren, denn diese Fächer bieten in Deutschland nur die Universitäten an, wie z.B. Medizin, Jura, Sprachwissenschaft..., und die Fächer dort viel theoretischer und...

Text C

Die Studienvoraussetzungen

Wer an einer HAW/FH studieren möchte, braucht eine Hochschulzugangsberechtigung. Das sind zum Beispiel die allgemeine Hochschulreife oder die fachgebundene Hochschulreife. Internationale Studierende können je nach Vorqualifikation eine entsprechende Hochschulzugangsberechtigung bzw. deren Äquivalent erwerben.

Grundsätzlich gilt: Die Zulassungsbedingungen für ein Studium in Deutschland hängen für internationale Studierende vom Schulabschluss oder bereits vorhandenen Hochschulabschluss sowie vom Herkunftsland ab. Auch variieren Zulassungsbedingungen und Anforderungen bezüglich möglicher Vorpraktika von Studiengang zu Studiengang.

Sogenannte Studienkollegs bieten die Möglichkeit, die notwendigen Kenntnisse für bestimmte Studienfächer zu erwerben, sollten diese noch nicht ausreichend vorhanden sein. Internationale Studierende können sich in der Zulassungsdatenbank des DAAD (www.daad. de/zulassungsdatenbank) einen ersten Überblick verschaffen und sollten sich darüber hinaus zeitnah bei der HAW/FH ihres Interesses über die spezifischen Zulassungsbedingungen für ihr Wunschprogramm informieren.

Die International Offices der HAW/FH sind Ansprechpartner und beantworten Fragen zu Studienvoraussetzungen, zu Studiengängen und zur Planung des Studiums und des Aufenthalts in Deutschland.

Der Einstieg in einen Masterstudiengang ist für internationale Studierende, die bereits einen Bachelorabschluss aus dem Heimatland haben, in der Regel einfacher als der Einstieg in ein grundständiges Studium. Darüber hinaus bieten HAW/FH auf dem Masterniveau sehr viele englischsprachige Studien- und Modulangebote an.

(nach: https://static.daad.de/media/daad_de/pdfs_nicht_barrierefrei/in-deutschland-studieren-forschen-lehren/haw_broschüre_de_2019.pdf)

Aufgaben

1. Wählen Sie die richtige Lösung aus.

(1) Wer an einer HAW/FH studieren möchte, braucht eine ...

a. Hochschulreife.

b. Zulassung.

c. Vorqualifikation.

(2) Die Zulassungsbedingungen für internationale Studenten in Deutschland ... (Was ist falsch?)

a. hängen vom Schulabschluss ab.

b. hängen vom Herkunftsland ab.

c. hängen von der Vorqualifikation ab.

(3) Studienkollegs bieten die Möglichkeit, ...

a. die Kommunikationsfähigkeit zu prüfen.

b. die notwendigen Kenntnisse für bestimmte Studienfächer zu erwerben.

c. die Fragebögen zur Qualifikation zu machen.

(4) Der Einstieg in einen Masterstudiengang ist für internationale Studierende ...

a. normalerweise einfacher.

b. vom Bachelorabschluss abhängig.

c. nicht einfach, aber nicht schwer.

2. Bilden Sie Sätze.

Redewendung

Grundsätzlich gilt

von ... abhängen

von ... zu ... variieren

sich in ... einen ersten Überblick verschaffen

sich über ... informieren

Satz

Wer ... studieren möchte, braucht ..., Darüber hinaus ...

3. Laut dem Text gibt es folgende Voraussetzungen als Hochschulzugangsberechtigung für ein Studium an einer FH in Deutschland:

- die allgemeine Hochschulreife

- die fachgebundene Hochschulreife

- eine entsprechende Hochschulzugangsberechtigung bzw. deren Äquivalent

(1) Sprechen Sie mit Ihrem Partner oder Ihrer Partnerin, wie Sie die Voraussetzungen finden.

(2) Gibt es in China auch Voraussetzungen für ein Studium an Hochschulen? Wie sehen sie denn aus? Sprechen Sie in der Gruppe.

Text D

Charakteristik des Studiums an der Fachhochschule

1. Anwendungsorientierte Lehre

Das Studium an der Fachhochschule bietet dir eine starke Praxisorientierung. Lehre und Forschung werden hier mit praxis- und anwendungsorientiertem Schwerpunkt betrieben. Dazu gehört auch, dass du im Rahmen deines Studiums an der Fachhochschule häufig mehrwöchige Praktika, Projektphasen und oft auch Praktikumssemester absolvieren musst. Viele Fachhochschulen pflegen sehr gute Kontakte zu zahlreichen Unternehmen und helfen dir bei der Suche nach einem entsprechenden Praktikumsplatz. Die Dauer des Bachelor Studiums an der Fachhochschule nimmt aufgrund der Praxissemester gegenüber demselben Studiengang an der Universität häufig ein bis 2 Semester mehr in Anspruch. Dafür sind die Master Studiengänge an der Fachhochschule oft um ein Semester verkürzt.

> *"Grundlagenforschung können wir den Studenten nicht bieten, dafür kommen sie bei uns so früh wie möglich mit der Praxis in Verbindung."*
>
> Katharina Ceyp-Jeorgakopulos, Sprecherin der Hochschule für angewandte Wissenschaften (HAW) Hamburg
> Quelle: sueddeutsche.de

2. Straffe Organisation

Dein Studienplan ist bei einem Studium an der Fachhochschule in der Regel stärker vorgegeben als im Universitätsstudium, das heißt, du hast weniger Wahlmöglichkeiten. Zudem gelten die Studienpläne als sehr straff. Das sorgt aber nicht selten auch für eine bessere Organisation des Studiums an der Fachhochschule, was wiederum ideale Bedingungen für das Einhalten der Regelstudienzeit schafft.

3. Kleine Studiengänge

Zu den Vorteilen eines Studiums an der Fachhochschule gehört, dass diese deutlich kleiner als Universitäten sind. Dies bezieht sich nicht nur auf die Gesamtzahl der Studenten, sondern auch auf die Größe der einzelnen Studiengänge. Damit bieten Fachhochschulen gegenüber der Universität häufig eine familiärere Atmosphäre, kleinere Seminare und Lerngruppen sowie eine intensivere Betreuung.

4. Studium ohne Abitur

Während ein Studium an der Universität in der Regel die allgemeine Hochschulreife, also das Abitur, erfordert, benötigst du für das Studium an der Fachhochschule lediglich die Fachhochschulreife. Die Fachhochschulreife erwirbst du durch den Abschluss der 12. Klasse und ein einjähriges Berufspraktikum oder eine Berufsausbildung. Mehr zum Studieren mit der Fachhochschulreife erfährst du auf der Seite „Studieren ohne Abitur".

5. Hoher Männeranteil

Der Frauenanteil an den Fachhochschulen liegt nur bei etwa 30%. An den Universitäten liegt dieser im Vergleich dazu bei über 50%. Das hängt sowohl mit der stärkeren technischen Ausrichtung der Fachhochschulen als auch mit dem Fehlen der Geisteswissenschaften zusammen. Seit einigen Jahren bemühen sich die Fachhochschulen verstärkt um mehr weibliche Studenten.

(nach: https://www.bachelor-studium.net/studieren-fachhochschule)

Aufgabe

Lesen Sie bitte diesen Text durch und machen Sie ein Referat über das Thema, „Charakteristik des Studiums an der Fachhochschule" anhand der folgenden Gedankenskizze.

Teil 4 / Aufgabe

Zhang Ming hat einen Cousin, der 18 Jahre alt ist. Er möchte an einer Fachhochschule in Deutschland studieren und dann nach China zurückkehren, um einen Job in einem Unternehmen zu finden. Möglicherweise gründet er später sein eigenes Unternehmen. Allerdings ist der Vater seines Cousins der Meinung, dass er nach Deutschland gehen sollte, um an einer Universität zu studieren, besser an einer renommierten Universität, damit er nach seiner Rückkehr nach China einen guten Job finden kann, aber das dauert vielleicht bisschen länger. Zhang Ming berichtet über die Vor- und Nachteile von FH und Uni und macht seinem Cousin einen Vorschlag, ob er eine Fachhochschule oder eine renommierte deutsche Universität besuchen sollte.

	Vorteile	Nachteile
FH	1) 2) 3)	1) 2) 3)
Uni	1) 2) 3)	1) 2) 3)

Evaluation

Bewerten Sie Ihren Lernerfolg mithilfe dieser Grafik. Auf jeder Achse sollen Sie einen Punkt auswählen und dadurch ein Viereck bilden wie im Beispiel.

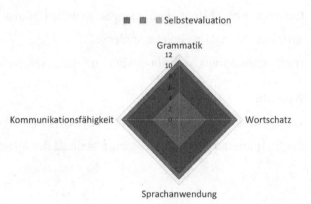

Glossar

Text Ⓐ

der	Praxisbezug		实用性
	regional	Adj.	地区性
die	Karriere, -n		成功的职业生涯
	vielfältig	Adj.	多样化
die	Grundlagenforschung, -en		基础研究
der	Bestandteil, -e		组成部分
die	Ausrichtung, -en		定位，对准
die	Pflicht, -en		义务，责任
	anwendungsbezogen	Adj.	和应用相关的
	ein/schreiben		注册入学
	unverzichtbar	Adj.	不可放弃的

die	Digitalisierung		数字化
die	Dienstleistung, -en		服务

Text B

die	Jura (Pl.)		法律
das	Automobil		汽车
die	Zulieferindustrie		配件供应行业
der	Zusammenschluss		联合，团结；合并
die	Fakultät, -en		学院，院系
die	Elektrotechnik		电气工程
der	Maschinenbau		机械制造
	ausgezeichnet	Adj.	出色的，优秀的
	an/stellen		聘用
der	Belang, -e		重要；利益；关系，方面
die	Integration, -en		组合，一体化；融入、纳入
der	Tutor, -en		助教
	weiterbildend	Adj.	继续教育的

Text C

die	Hochschulzugangsberechtigung		大学入学资格
die	Vorqualifikation		资格预审
der	Studienkolleg		大学预科院
	verschaffen		提供
	spezifisch	Adj.	特殊的，特别的
	staatlich	Adj.	国家的
die	Gebühr, -en		费用
	an/fallen		出现，产生
	ein/führen		引入
die	Krankenversicherung, -en		医疗保险
der	Semesterbeitrag, Semesterbeiträge		学期费用
der	Richtwert		标准值，参考值，近似值
	(sich) belaufen		金额是……

Text D

die	Lehre		教学
die	Forschung, -en		研究
der	Schwerpunkt, -e		重点
	absolvieren		完成，毕业
	entsprechend	Adj.	对应的，相应的
	verkürzen		缩短
	straff	Adj.	紧张的，严密的
das	Einhalten		保持
die	Regelstudienzeit		正常学习时限
die	Betreuung		关注，照顾，指导
	Allgemeine Hochschulreife		普通高等学校入学资格
die	Fachhochschulreife		(中学毕业后获得)进入高等专科学校学习的资格

Lernziel

◆ Sprachkenntnisse wie *lassen*, *dabei* und Genusregeln beherrschen

◆ die Duale Hochschule in Deutschland kennenlernen

◆ das duale Studium in Deutschland kennenlernen

◆ Fähigkeiten zur deutsch-chinesischen interkulturellen Kommunikation erhöhen

Teil 1 / Einführung

Suchen Sie vor dem Kurs einige Informationen über die Duale Hochschule in Deutschland.

Stellen Sie sich die folgenden Fragen:

(1) Was ist Duale Hochschule?

(2) Seit wann gibt es Duale Hochschulen und was ist der Hintergrund dafür?

(3) Was ist der Unterschied zwischen Duale Hochschule und Fachhochschule?

Andere Fragen schreiben Sie auf.

_____

_____

_____

Tauschen Sie im Kurs die Ergebnisse mit Ihrem Partner oder Ihrer Partnerin aus.

Teil 2 / **Wortschatz und Grammatik**

1. das Verb: *lassen*

在德语中，动词lassen是一个特殊的动词，其既可以作为实义动词，也可以作为情态动词使用。当lassen作为实义动词时，意思是"放下""停止"。作为情态动词时，意思是"许可""让""请求""吩咐"，后面跟动词不定式。另外，该词的常见用法还有sich lassen，意思是"可以被""能被""该被"，属于被动态的替换形式。

(1) 实义动词：Er kann vom Alkohol nicht lassen.

　　　　　　　 Lass Papa in Ruhe!

(2) 情态动词：Er lässt seinen Sohn mit dem Auto allein fahren.

　　　　　　　 Ich lasse meine Tochter abends fernsehen.

(3) 被动替换：Das Radio lässt sich nicht reparieren.

　　　　　　　 Die Nudeln lassen sich ganz leicht selbst machen.

✎**Übung**

Bitte übersetzen Sie die folgenden Sätze ins Chinesische.

(1) Auch im Alter kann er nicht ganz vom Sport lassen._____

(2) Die Tür lässt sich schwer öffnen._____

(3) Lass die Teller im Schrank!_____

(4) Lass uns noch ein Glas Wein trinken!_____

(5) Sie können sich dann von den Hochschulen beraten lassen._____

2. das Adverb: *dabei*

在德语中，dabei出现的频率非常高，作为代副词，dabei有以下常见意义：

(1) 在附近，在旁边：Er braucht zur Arbeit nicht weit zu gehen, er wohnt nahe dabei.

(2) 与此同时；此外（还）：Er liest die Zeitung und raucht dabei eine Zigarette.

(3)指代刚刚谈到的内容：In Nordrhein-Westfalen handelt es sich dabei um eine spezifische Form des berufsbegleitenden Fernstudiums.

(4)正在，着手：Mein Mann war gerade dabei, die Briefe abzuschicken.

✎ Übung

Bestimmen Sie, was *dabei* in jedem der folgenden Sätze bedeutet.

(1) Dabei ist es auch möglich, dass du neben dem Studium ein paar Stunden die Woche in deinem Unternehmen arbeitest.

(2) Der Ingenieur öffnet die Tasche, das Werkzeug war nicht dabei.

(3) Dabei können sie wichtige Erfahrungen im internationalen Wirtschafts- und Arbeitsleben sammeln, interkulturelle Kompetenzen erwerben, ihre sprachlichen Fähigkeiten verbessern und sich auf diese Weise optimal auf die globalisierte Arbeitswelt vorbereiten.

(4) Studierende der DHBW absolvieren ihr Hochschulstudium in nur drei Jahren und sammeln dabei gleichzeitig wichtige Berufserfahrung.

(5) Thomas ist schon dabei, sich um den Studienplatz an einer dualen Hochschule zu bewerben.

3. *der*, *das* oder *die*: Genusregeln

一般而言，德语中名词的词性是遵循一定规律的，详见下表（不包括特殊情况）。

der	das	die
男性，男性职业，例如：der Mann, der Lehrer	-chen结尾的名词，例如：das Würstchen	女性，女性职业，例如：die Frau, die Lehrerin
月份，一周中的某一天，日期，天	-lein结尾的名词，例如：das Fräulein	-e结尾的名词，例如：die Tasche
天气，四季，方向	- Ge开头的名词，例如：das Gemüse	-ei结尾的名词，例如：die Malerei
含酒精的饮料，例如：der Wodka, der Alkohol	-o结尾的名词，例如：das Kino	-ung结尾的名词，例如：die Zeitung
-ling结尾的名词，例如：der Lehrling	-nis结尾的名词，例如：das Verhältnis	-heit结尾的名词，例如：die Krankheit
-or结尾的名词，例如：der Professor	-ment结尾的名词，例如：das Element	-keit结尾的名词，例如：die Müdigkeit

Fortestzung

der	das	die
-us结尾的名词，例如： der Kaktus	-um结尾的名词，例如： das Studium	-tät结尾的名词，例如： die Pubertät
-er结尾的名词，例如： der Teller	—	-ik结尾的名词，例如： die Mathematik
-ismus结尾的名词，例如： der Tourismus	—	-tion/-sion结尾的名词，例 如：die Lektion
-loge结尾的名词，例如： der Pädagoge	—	-schaft结尾的名词，例如：die Freundschaft
-ist结尾的名词，例如： der Spezialist	—	-unft结尾的名词，例如： die Zukunft
-ant/-at结尾的名词，例如： der Musikant, der Kandidat	—	-enz结尾的名词，例如： die Intelligenz

 Übung

Bitte füllen Sie die Lücken mit *der*, *das* oder *die* aus.

(1)_____ Süden, Norden, Westen, Osten

(2)_____ Hähnchen, Brötchen, Mädchen

(3)_____ Wein, Sekt, Martini

(4)_____ Ausbildung, Entwicklung, Berufserfahrung,

(5)_____ Studenten-Konto, Disko

(6)_____ Hochschule, Berufsakademie, Ebene

(7)_____ Wirtschaft, Technik, Gesundheit

(8)_____ Partner, Bestandteil, Kandidat

(9)_____ Sozialkompetenz, Unabhängigkeit, Eigeninitiative

(10)_____ Lehre, Kooperation, Hauptvoraussetzung

Teil 3 / Texte

Text A

Text A Aufgabe 2

Die Duale Hochschule Baden-Württemberg (DHBW)

Die Duale Hochschule Baden-Württemberg (DHBW) ist die erste staatliche duale, d.h. praxisintegrierende Hochschule in Deutschland. Sie wurde am 1. März 2009 gegründet und führt das seit über 40 Jahren erfolgreiche duale Modell der früheren Berufsakademie

Baden-Württemberg fort. Bundesweit einzigartig ist die Organisationsstruktur der DHBW mit zentraler und dezentraler Ebene. An ihren neun Standorten und drei Campus bietet die DHBW in Kooperation mit rund 9.000 ausgewählten Unternehmen und sozialen Einrichtungen eine Vielzahl von national und international akkreditierten Bachelor-Studiengängen in den Bereichen Wirtschaft, Technik, Sozialwesen und Gesundheit an. Auch berufsintegrierende und berufsbegleitende Masterstudiengänge gehören zum Angebot der DHBW. Mit derzeit rund 34.000 Studierenden und über 200.000 Alumni ist die DHBW die größte Hochschule in Baden-Württemberg.

Das zentrale Merkmal der DHBW ist ihr duales Studienkonzept mit den wechselnden Theorie- und Praxisphasen sowie der engen Kooperation zwischen der Hochschule und ihren Dualen Partnern. Diese wählen die Studierenden selbst aus, schließen mit ihnen einen dreijährigen Vertrag und bieten ihnen über die gesamte Studiendauer hinweg eine monatliche, fortlaufende Vergütung. Durch den Wechsel zwischen Theorie- und Praxisphasen im dreimonatigen Rhythmus erwerben die Studierenden neben fachlichem und methodischem Wissen praktisches Erfahrungswissen sowie die im Berufsalltag erforderliche Handlungs- und Sozialkompetenz. Theorie- und Praxisinhalte sind dabei eng aufeinander abgestimmt und beziehen aktuelle Entwicklungen in Wirtschaft, Technik und Gesellschaft in die Lehrpläne mit ein. Die in den Praxisphasen erbrachten Leistungen sind integrativer Bestandteil des Studiums, weshalb sämtliche Studiengänge der DHBW als Intensivstudiengänge anerkannt und mit 210 ECTS-Punkten bewertet sind.

Es gibt Vorteile des dualen Studiums an der DHBW im Überblick.

_____

Studierende der DHBW absolvieren ihr Hochschulstudium in nur drei Jahren und sammeln dabei gleichzeitig wichtige Berufserfahrung.

_____

Als Angestellte eines Dualen Partners erhalten DHBW-Studierende während ihres Studiums durchgängig eine monatliche Vergütung, sie sind dadurch finanziell unabhängig und können sich voll auf dein Studium konzentrieren.

_____

Mehr als 85% der Studierenden der DHBW werden nach dem Studium von ihrem Dualen Partner übernommen oder unterschreiben bereits vor Ende des Studiums einen Arbeitsvertrag.

Studieninteressierte haben an der DHBW die Wahl aus mehr als 30 Studiengängen mit rund 100 Studienrichtungen in den Bereichen Wirtschaft, Technik, Sozialwesen und Gesundheit.

In einer Kursgruppe sind selten mehr als 30 Studierende. Das steigert die Eigeninitiative, garantiert eine intensive Betreuung und schafft eine angenehme, persönliche Studienatmosphäre. Anonymität ist an der DHBW ein Fremdwort, überfüllte Hörsäle gibt es nicht. Häufig werden hier Kontakte geknüpft, die über die Studienzeit hinaus dauern.

Neben Professoren*innen der DHBW vermitteln auch Expert*innen aus Unternehmen und sozialen Einrichtungen Inhalte aus ihrem Spezialgebiet. Dadurch fließen aktuelle Entwicklungen in die Vorlesungen ein und praxisrelevantes Know-how.

Dank der Integration von theoretischen und praktischen Inhalten erbringen die Studierenden auch während den Praxisphasen einen Teil ihrer Studienleistung und erhalten dafür 30 zusätzliche ECTS Punkte. Dadurch sind sämtliche Studiengänge an der DHBW mit 210 ECTS Punkten bewertet und als Intensivstudiengänge anerkannt.

In fast allen Studiengängen kann man einen Teil des Studiums im Ausland verbringen, Sprachkenntnisse verbessern und interkulturelle Erfahrungen sammeln. Die Standorte der DHBW arbeiten weltweit mit über 200 internationalen Hochschulen und Universitäten zusammen. Die im Ausland erbrachten Studienleistungen können in der Regel im Studium angerechnet werden.

(nach: https://www.dhbw.de/informationen/studieninteressierte)

Gut zu wissen!

Aufgaben

1. Wählen Sie für die acht Abschnitte jeweils eine Überschrift aus.

Beste Karrierechancen	Kleine Kursgruppen
Internationale Ausrichtung	Anerkanntes Intensivstudium
Feste Studiendauer	Große Auswahl an Studiengängen
Aktuelle und relevante Inhalte	Finanzielle Unabhängigkeit

2. Richtig oder falsch, kreuzen Sie an.

	richtig	falsch
(1) Die Duale Hochschule Baden-Württemberg ist zwar jung, hat aber Vorkenntnisse im Bereich Berufsausbildung.	( )	( )
(2) DHBW ist nicht auf einen Schulort beschränkt.	( )	( )
(3) DHBW kooperiert ausschließlich mit deutschen Unternehmen und Institutionen.	( )	( )
(4) An der DHBW kann man auch promovieren.	( )	( )
(5) Wer hier zum Studium zugelassen wird, darüber entscheidet die DHBW.	( )	( )
(6) Finanzielle Unterstützung bekommen die Studierenden während des Studiums von den Unternehmen.	( )	( )
(7) Theorie und Praxis wechseln sich hier im Studium jährlich ab.	( )	( )
(8) Die im Berufsleben benötigten sozialen Fähigkeiten werden im Dualen Studium der DHBW trainiert.	( )	( )
(9) Es ist recht möglich, dass man gleich nach dem dualen Studium an der DHBW eine Arbeitsstelle bei den kooperierenden Unternehmen findet.	( )	( )
(10) An der DHBW genießt man ein gutes Betreuungsverhältnis zwischen Lehrenden und Studierenden.	( )	( )

3. Sprechübung.

Sprechen Sie bitte mit Ihrem Partner oder Ihrer Partnerin.

● Möchtest du später im dualen Studium an der DHBW studieren? Und warum?

● Ich möchte gern / nicht gern an der DHBW studieren, weil …

Text **B**

Duale Partner: Vorteile einer dualen Partnerschaft

Text B Aufgabe 1

Die Duale Hochschule Baden-Württemberg arbeitet mit rund 9.000 Unternehmen und sozialen Einrichtungen aus ganz Deutschland, den so genannten Dualen Partnern, zusammen.

Hochqualifizierte Nachwuchskräfte gesucht?

Als Dualer Partner können Sie in Zusammenarbeit mit der DHBW in nur drei Jahren Hochschulabsolventen/-innen maßgeschneidert auf die eigenen Anforderungen qualifizieren. Das seit mehr als 40 Jahren bewährte duale Studiensystem verbindet erstklassige Lehrqualität mit maximalem Praxisbezug. Durch die Integration von

Theorie- und Praxisinhalten bekommen die Studierenden an der DHBW neben Fach-und Methodenwissen ein hohes Maß an Handlungs- und Sozialkompetenz vermittelt und werden auf diese Weise optimal auf den Berufseinstieg vorbereitet.

Die besten Köpfe von morgen sichern

Als Mitglieder der DHBW wählen die Unternehmen und sozialen Einrichtungen ihre Studierenden selbst aus. Dadurch ist sichergestellt, dass die jeweiligen Studienplätze passgenau mit den am besten geeigneten Kandidaten/-innen besetzt werden. Eine durchschnittliche Abbrecherquote von unter zehn Prozent – ein einzigartiger Spitzenwert in der deutschen Hochschullandschaft – zeigt deutlich, wie gut dieser Ansatz funktioniert.

Eine starke Partnerschaft eingehen

Rund 9.000 Unternehmen und soziale Einrichtungen sämtlicher Größen und aus einer Vielzahl von Branchen arbeiten heute erfolgreich mit der Dualen Hochschule Baden-Württemberg zusammen. Die Dualen Partner sind zum einen über die Auswahl der Studierenden und den praktischen Teil des Studienbetriebs in die Hochschule eingebunden. Zum anderen können sie als Mitglieder der DHBW auch über die Gremienarbeit direkt an der strategischen Weiterentwicklung der Hochschule mitwirken.

Eigene Experten vermitteln aktuelle Inhalte

Als Dualer Partner haben die Unternehmen und sozialen Einrichtungen auch die Möglichkeit, erfahrene Experten*innen als Dozierende an die Hochschule zu entsenden. Dadurch wird eine noch engere Verbindung zur Berufspraxis geknüpft und gleichzeitig ein Beitrag zur Aktualität der Lehre an der DHBW geleistet.

Internationale Kompetenz

Andere Kulturen kennen und verstehen lernen ist als Schlüsselkompetenz für zukünftige Fach- und Führungskräfte unverzichtbar. Die DHBW bietet ihren Studierenden in Kooperation mit über 200 Hochschulen weltweit zahlreiche Möglichkeiten, um ein Semester im Ausland zu verbringen. Dabei können sie wichtige Erfahrungen im internationalen Wirtschafts- und Arbeitsleben sammeln, interkulturelle Kompetenzen erwerben, ihre sprachlichen Fähigkeiten verbessern und sich auf diese Weise optimal auf die globalisierte Arbeitswelt vorbereiten. In Abstimmung mit ihrem Unternehmen können die Studierenden auch in der Praxisphase einen Teil des Studiums im Ausland absolvieren– beispielsweise an einem ausländischen Standort eines international agierenden Unternehmens.

(nach: https://www.dhbw.de/informationen/duale-partner)

Aufgaben

1. Richtig oder falsch? Kreuzen Sie an.

	richtig	falsch
(1) Die Dualen Partner der Dualen Hochschule Baden-Württemberg sind ausschließlich Betriebe.	( )	( )
(2) Man kann das Studium in der DHBW in drei Jahren absolvieren.	( )	( )
(3) Man kann während des Studiums nicht nur die theoretischen Kenntnisse und die praktische Erfahrung erfahren, sondern auch die Fähigkeiten lernen, wie man in einer Gruppe mitwirken kann.	( )	( )
(4) Die DHBW sucht die Studenten aus, nachdem sie sich um die Studienplätze bewerben.	( )	( )
(5) Ein Teil der Angestellten arbeitet als Lehrkraft in der DHBW.	( )	( )

2. Was bedeuten _Handlungs- und Sozialkompetenz_ und _Internationale Kompetenz_ im Text? Erklären Sie sie mit eigenen Worten.

Handlungs- und Sozialkompetenz:

_____

_____

_____

Internationale Kompetenz:

_____

_____

_____

Text C

Text C Aufgabe 1

Aufbau duales Studium: Diese vier Modelle gibt es

Überlegst du, ob ein duales Studium das Richtige für dich nach deinem Abschluss ist, solltest du dir einen Plan über den Aufbau deines dualen Studiums machen. Der Aufbau kann hierbei von Studium zu Studium und von Unternehmen zu Unternehmen leicht unterschiedlich sein. Insgesamt gibt es aber vier Ausbildungsmodelle im dualen Studium. Alle Informationen und Unterschiede von diesen vier Modellen haben wir im Folgenden für dich zusammengefasst.

1. Das ausbildungsintegrierende duale Studium

Das ausbildungsintegrierte oder ausbildungsintegrierende duale Studium ist die häufigste duale Studienform. In dieser kombinierst du ein Bachelorstudium mit einer staatlich anerkannten Ausbildung. Das ausbildungsintegrierte duale Studium dauert meist vier bis fünf Jahre und du erhältst am Ende zwei Abschlüsse, nämlich einen Bachelor-Abschluss und einen IHK/HWK-Abschluss oder einen fachschulischen Abschluss. Als Voraussetzung brauchst du das Abitur oder Fachabitur und bewirbst dich bei Unternehmen, die ein duales Studium anbieten. Hast du die Zusage vom Unternehmen, musst du dich mit deinem Abiturzeugnis und deinem Ausbildungsvertrag bei der kooperierenden Hochschule deines Unternehmens bewerben – hier werden dir aber in den seltensten Fällen noch Steine in den Weg gelegt.

2. Das praxisintegrierende duale Studium

Beim praxisintegrierenden oder praxisintegrierten dualen Studium, oder wie es auch an bayerischen Hochschulen heißt, „Studium mit vertiefterer Praxis", verbindest du ein Bachelor-Studium mit integrierten Praxisphasen. Das heißt, du studierst normal im Bachelor-Studium und bist immer mal wieder für längere Praxiseinsätze, also wie Praktika, in einem Unternehmen. Dabei ist es auch möglich, dass du neben dem Studium ein paar Stunden die Woche in deinem Unternehmen arbeitest.

Mit dem praxisintegrierten dualen Studium erwirbst du einen Bachelor-Abschluss, jedoch keine anerkannte duale Ausbildung. Da du in dieser Zeit jedoch viel Praxiserfahrung sammeln kannst, hast du gute Chancen, von deinem Ausbildungsunternehmen übernommen zu werden und bist dennoch nicht zu sehr an ein Unternehmen gebunden. Auch dauert das praxisintegrierte duale Studium nur drei bis vier Jahre und ist damit kürzer als das ausbildungsintegrierte duale Studium.

3. Das berufsintegrierende duale Studium

Beim berufsintegrierenden dualen Studium hast du bereits eine abgeschlossene Berufsausbildung absolviert. Merkst du aber, dass du dich in einer bestimmten Fachrichtung weiterbilden möchtest und dafür ein Studium brauchst, kannst du das mit deiner Arbeit kombinieren. Deine Berufstätigkeit sollte deshalb einen inhaltlichen Bezug zum Studienfach haben.

Das berufsintegrierte duale Studium dauert drei bis vier Jahre und du arbeitest in Teilzeit in einem Unternehmen. Die restliche Zeit studierst du. Dabei kann deine Studienzeit in Tage oder Blöcke aufgeteilt sein, je nachdem welche Möglichkeiten die Hochschule anbietet und wie es deinem Arbeitgeber am liebsten ist. Bei manchen Studiengängen kannst du durch das duale Studium zusätzlich eine Meisterqualifikation erlangen. Bei anderen Hochschulen musst du jedoch schon einen Meister- oder Techniker-Abschluss vorweisen können, um ein berufsintegrierendes duales Studium anzufangen.

4. Das berufsbegleitende duale Studium

Auch beim berufsbegleitenden dualen Studium hast du im Idealfall nach deinem Schulabschluss schon eine Ausbildung absolviert. Hier möchtest du dich weiterbilden, um Karriere zu machen und brauchst einen Bachelor-Abschluss, das heißt, du musst studieren. Möchtest du aber weiterhin Vollzeit arbeiten, um genauso viel Geld zu verdienen wie bisher, bieten manche Unternehmen die Möglichkeit, dass du neben deiner Vollzeittätigkeit einen Studienabschluss erwirbst. Hierfür absolvierst du ein Selbststudium, das so ähnlich wie ein Fernstudium ist. Bei einem berufsbegleitenden dualen Studium wird dein Arbeitgeber jedoch meist mehr mit einbezogen, das heißt, du sprichst das Studium mit deinem Arbeitgeber ab und erhältst Unterstützung in deinem Beruf, zum Beispiel indem du für deine Prüfungen freigestellt wirst.

(nach: https://www.azubi.de/duales-studium/tipps/duales-studium-modelle)

Aufgaben

1. Richtig oder falsch, kreuzen Sie an.

	richtig	falsch
(1) Der Aufbau eines dualen Studiums in Deutschland ist unterschiedlich.	( )	( )
(2) Beim ausbildungsintegrierenden dualen Studium bekommt man am Ende nur einen Bachelor-Abschluss.	( )	( )
(3) Ein praxisintegriertes duales Studium dauert kürzer als ein ausbildungsintegriertes duales Studium.	( )	( )
(4) Wenn man ein berufsintegrierendes duales Studium machen möchte, soll seine Arbeit mit dem Studienfach zu tun haben.	( )	( )
(5) Beim berufsbegleitenden dualen Studium braucht man nicht auf seine Arbeit zu verzichten.	( )	( )

2. Beantworten Sie die Fragen.

(1) Welche vier Modelle gibt es für ein duales Studium?

(2) Welche Abschlüsse bekommt man nach dem ausbildungsintegrierenden dualen Studium?

_____

(3) Wie lange dauert ein berufsintegriertes duales Studium?

_____

(4) Welche Unterstützung erhält man beim berufsbegleitenden dualen Studium von dem Arbeitgeber?

_____

Text **D**

Wie studiere ich dual?

Was versteht man unter einem dualen Studium?

Text D Aufgabe 2

Ein duales Studium ist der Begriff, der für eine Kombination von Studium und Berufsausbildung bzw. Berufspraxis steht. Ein duales Studium zeichnet sich durch zwei unterschiedliche Lernorte aus: In den Praxisphasen lernt der Studierende in seinem Unternehmen, in der Theoriephase an einer Hochschule/Akademie. Dieser Wechsel von Praxis- und Studienphasen zieht sich durch das gesamte Studium. Ein duales Studium unterscheidet sich von einem „herkömmlichen" Studiengang vor allem durch einen höheren Praxisbezug. Duale Studiengänge werden von Berufsakademien, Fachhochschulen und manchmal, wenn auch sehr selten, sogar von Universitäten angeboten.

Welche Fächer werden als duales Studium angeboten?

Durch duale Studiengänge sind diese Bereiche abgedeckt:

● Technik

● Wirtschaft

● Sozialwesen

● Naturwissenschaften

Das Spektrum reicht im Bereich Technik von Maschinenbau, Mechatronik und Wirtschaftsingenieurwesen, über Bauwirtschaft, Immobilienwirtschaft und Tourismusmanagement im Bereich Wirtschaft, bis hin zu Sozialmanagement und Sozialer Arbeit im Bereich Sozialwesen. Künstlerische Studiengänge und die Geisteswissenschaften sind im Dualen System nicht anzutreffen.

Was sind die Vorteile und Nachteile eines dualen Studiums?

Die Vorteile eines dualen Studiums umfassen:

- früher Kontakt zur Praxis

- mehrjährige Berufserfahrung bei Studienabschluss

- Geld während des Studiums

Die Nachteile eines dualen Studiums sind:

- hoher Arbeitsaufwand

- straffer Stundenplan

- keine Semesterferien

Die Studierenden eines dualen Studiengangs stehen von Anfang an in Kontakt mit der Praxis, das heißt als Absolvent*in kann man bereits beim Studienabschluss mehrjährige Arbeitserfahrung vorweisen. Finanziell ist ein*e Student*in eines dualen Studiengangs unabhängiger, da er*sie bereits während der Studienzeit eine Vergütung erhält. Umgekehrt hat er*sie aber auch weniger Zeit als seine Kommiliton*innen in „klassischen Studiengängen". Womit wir schon bei den Nachteilen wären: Ein duales Studium ist arbeitsintensiv und die Studienzeit straff organisiert. Es gibt keine Semesterferien, sondern abgezählte Urlaubstage.

Was sind die Zulassungsvoraussetzungen für ein duales Studium? Welche Voraussetzungen brauche ich für ein duales Studium?

Du kannst Dich für ein duales Studium bewerben, wenn Du

- das allgemeine Abitur oder die Fachgebundene Hochschulreife für das jeweilige Fach hast

- die Fachhochschulreife hast (ausreichend bei Hochschule, FHs)

- einen Ausbildungsvertrag hast

Neben der passenden Hochschulzugangsberechtigung muss der*die Bewerber*in einen Ausbildungsvertrag mit einem Unternehmen vorweisen. Aus diesem Grund kann man sagen, dass die Unternehmen die Auswahl der Studierenden übernehmen. Da die Plätze begehrt sind, sollte möglichst früh mit der Bewerbung angefangen werden. Je nach Firma hat man es hier mit Vorstellungsgesprächen, Eignungstests und Assessment-Centern zu tun.

Wo finde ich eine*n Ausbildungspartner*in für ein duales Studium?

In den Studienberatungen der Berufsakademien und Dualen Hochschulen werden normalerweise Listen mit den Kooperationspartner*innen aus der Wirtschaft bereitgehalten. Es ist auch möglich, Firmen anzusprechen und auf die Möglichkeit, im dualen System auszubilden, hinzuweisen. Sie können sich dann von den Akademien/Hochschulen beraten lassen.

Was bedeutet ausbildungsintegrierter/kooperativer Studiengang?

Wie der Name sagt, ist ein ausbildungsintegrierter Studiengang, ein Studiengang, nach dessen Abschluss der*die Student*in nicht nur eine Diplom- oder Bachelor-Urkunde besitzt, sondern auch einen anerkannten IHK- oder HWK-Abschluss. Das Kooperationsunternehmen ist der Ausbildungsbetrieb, der auch ein Ausbildungsgehalt zahlt. Zahlreiche Fachhochschulen haben ausbildungsintegrierte Studiengänge im Programm.

Was ist ein Verbundstudiengang?

Ein Verbundstudium wird an nordrhein-westfälischen und bayerischen Fachhochschulen angeboten. In Nordrhein-Westfalen handelt sich dabei um eine spezifische Form des berufsbegleitenden Fernstudiums. In Bayern werden mit einem Verbundstudium ausbildungsintegrierte Studiengänge bezeichnet.

(nach: https://studieren.de/duales-studium-faq.0.html)

Aufgaben

1. Füllen Sie die Lücken mit den Wörtern aus der Tabelle.

Universitäten	Praxisbezug	Berufsausbildung	Berufsakademien
Studiengang	Studium	Unternehmen	Berufspraxis	Lernorte
Fachhochschulen	Hochschule/Akademie	auszeichnen	

Ein duales Studium ist der Begriff, der für eine Kombination von _____ und _____ bzw. _____ steht. Ein duales Studium _____ sich durch zwei unterschiedliche _____: In den Praxisphasen lernt der Studierende in seinem _____, in der Theoriephase an einer _____. Dieser Wechsel von Praxis- und Studienphasen zieht sich durch das gesamte Studium. Ein duales Studium unterscheidet sich von einem „herkömmlichen" _____ vor allem durch einen höheren _____. Duale Studiengänge werden von _____, _____ und manchmal, wenn auch sehr selten, sogar von _____ angeboten.

2. Wählen Sie die richtige Lösung aus.

(1) Welche Fächer werden nicht als duales Studium angeboten?

a. Technik

b. Literatur

c. Wirtschaft

(2) Was gehört nicht zu Vorteilen eines dualen Studiums?

a. Geld verdienen

b. Berufserfahrungen sammeln

c. Kontakt zu Universitäten

(3) Die Studierenden eines dualen Studiengangs können ...

a. viel Zeit für Arbeit haben.

b. Theorie nicht kennen.

c. Semesterferien haben.

(4) Welche Voraussetzungen braucht man für ein duales Studium nicht?

a. einen Vertrag mit Unternehmen

b. Vorstellungsgespräche und Eignungstests

c. die Fachgebundene Hochschulreife

(5) Wo kann man eine*n Ausbildungspartner*in für ein duales Studium finden?

a. von Professoren

b. auf dem Arbeitsmarkt

c. von den Akademien/Hochschulen

3. Beantworten Sie die folgenden Fragen mit eigenen Worten in vollständigen Sätzen.

(1) Was bedeutet ausbildungsintegrierter/ kooperativer Studiengang?

_____

(2) Was ist ein Verbundstudiengang?

_____

Teil 4 / Aufgabe

Zhang Ming hat einen chinesischen Freund, Li Kun. Er hat vor, die Duale Hochschule Baden-Württemberg (DHBW) zu besuchen. Deshalb möchte er sich über duales Studium und duale Hochschule in Deutschland informieren. Er fragt Zhang Ming per WeChat:

(1) Was versteht man unter einem dualen Studium?

(2) Welche Voraussetzungen braucht man für ein duales Studium?

(3) Was sind die Vorteile und Nachteile eines dualen Studiums?

Evaluation

Bewerten Sie Ihren Lernerfolg mithilfe dieser Grafik. Auf jeder Achse sollen Sie einen Punkt auswählen und dadurch ein Viereck bilden wie im Beispiel.

Glossar

Text Ⓐ

	fort/führen		继续
die	Berufsakademie, -n		职业学院
	akkreditiert	Adj.	认证的
	berufsintegrierend	Adj.	结合职业的
	berufsbegleitend	Adj.	与工作同步进行的
die	Vergütung, -en		薪资，工资
	ein/beziehen		包括
	sämtlich	Adj.	全部的
der/die	Angestellte, -n		职员，员工
	durchgängig	Adj.	在整个过程中的，贯穿的
die	Eigeninitiative		自主倡议，自主行动
die	Anonymität		匿名

Text **B**

	maßgeschneidert	Adj.	量身定制的
	passgenau	Adj.	完全匹配的
	besetzt	Adj.	被占用的
der	Ansatz		方法
	eingebunden	Adj.	一体化的，嵌入的

Text **C**

das	Verhältnis, -se		关系；比例
	zueinander/stehen		彼此，相互适合
die	Zusage, -n		承诺，许诺
	blockweise	Adv.	分块式地
der	Volontariatsvertrag		自愿服务合同
	kombinieren		组合，结合
die	Meisterqualifikation, -en		大师资格
	einbezogen	Adj.	包括进去的，包含的

Text **D**

	sich aus/zeichnen		出色，突出，出众
	herkömmlich	Adj.	常规的，传统的
das	Spektrum, -tren		光谱，波谱；多种多样，丰富多彩
die	Immobilienwirtschaft		房地产行业
das	Sozialmanagement		社会管理
	mehrjährig	Adj.	多年的
der	Arbeitsaufwand		工作量，劳动量
	vor/weisen		表现出，显示出
das	Vorstellungsgespräch, -e		面试
das	Eignungstest, -s		能力测试
das	Verbundstudium		组合式学习，组合课程

Lektion 3

Praktikum machen

Lernziel

◆ Präpositionen beherrschen

◆ *brauchen / brauchen zu* beherrschen

◆ Praktikum kennenlernen

◆ Kommunikationsfähigkeit und Teamfähigkeit erhöhen

Teil 1 / Einführung

Was zeigt das Bild? Diskutieren Sie mit Ihrem Partner oder Ihrer Partnerin über die folgenden Fragen.

(1) Haben Sie ein Praktikum gemacht?

(2) Wie finden Sie das Praktikum?

(3) Warum macht man Praktika?Andere Fragen schreiben Sie auf.

_____

_____

_____

Tauschen Sie im Kurs die Ergebnisse mit Ihrem Partner oder Ihrer Partnerin aus.

Teil 2 / Wortschatz und Grammatik

1. Präpositionen mit Akkusativ: bis, durch, für, gegen, ohne, um, wider

2. Präpositionen mit Dativ: aus, bei, mit, nach, seit, von, zu, gegenüber, entgegen, entsprechend, gemäß

3. Präpositionen mit Dativ oder Akkusativ: an, auf, hinter, in, neben, über, unter, vor, zwischen

(1) Bei einer Bewegung auf ein Ziel stehen diese Präpositionen im Akkusativ.
(Frage: Wohin?)

(2) Wenn ein fester Ort angegeben wird, stehen diese Präpositionen im Dativ.
(Frage: Wo?)

(3) Die Präpositionen **an, in, vor, zwischen**→bei Zeitangaben→mit dem Dativ
(Frage: Wann?)

4. Präpositionen mit Genitiv

Die Präpositionen mit dem Genitiv kann man in verschiedene Gruppen einteilen:

Wichtige Präpositionen mit Genitiv sind:

temporal	während, zeit, außerhalb, innerhalb
lokal	inmitten, außerhalb, innerhalb, oberhalb, unterhalb
	diesseits, jenseits, beiderseits, abseits
	nördlich, südlich, östlich, westlich
kausal/konsekutiv	aufgrund (auf Grund), wegen
	infolge, anlässlich, angesichts, mangels
konzessiv	trotz
instrumental	anhand, mittels
alternativ	anstatt, statt, anstelle
final	zwecks
modal	einschließlich, ausschließlich, abzüglich, zuzüglich

brauchen/ brauchen zu

(1) brauchen + **Akkusativ**

Präsens:	Ich **brauche** (keine) Hilfe.
Präteritum:	Ich **brauchte** (keine) Hilfe.
Perfekt:	Ich **habe** (keine) Hilfe **gebraucht**.

(2) brauchen + **zu** + **Infinitiv**: Immer **mit Negation oder kaum**, etc.

Beispiel:

Ich brauche ihm **nicht zu helfen**.→Ich muss ihm **nicht helfen**.

Ohne Negation: Ich muss ihm helfen.

Präsens:	Du **brauchst** nicht alles zu machen.
Präteritum:	Du **brauchtest** nicht alles zu machen.
Perfekt:	Du **hast** nicht alles zu machen **gebraucht**.

✎ Übung

1. Ergänzen Sie eine passende Präposition.

(1) Max bleibt noch _____ nächste Woche hier.

(2) Sag mal, bist du _____ oder _____ diesen Plan?

(3) Sie wollte _____ ganz Deutschland reisen.

(4) Der Satellit kreist _____ die Erde.

(5) Wir arbeiteten _____ Pause, bis alles fertig war.

(6) Das geschah _____ meinen Willen.

(7) _____ wem sprichst du?

(8) Gehst du jetzt _____ Apotheke?

(9) Holst du mich _____ Flughafen ab?

(10) Das Parkhaus liegt dem Hotel _____.

(11) Ich habe in Frankfurt _____ Freunden übernachtet.

(12) Ich hatte mir Sorgen gemacht, aber der Test war _____ meiner Erwartung einfach.

2. Bilden Sie Imperativsätze.

(1) Mantel – an – Haken – hängen _____

(2) Handtuch – neben – Badewanne – legen _____

(3) Besen – hinter – Tür – stellen _____

(4) Schlüssel – in – Schloss – stecken_____

(5) Vogel – in – Käfig – setzen_____

3. Ergänzen Sie eine passende Präposition.

(1) _____ des Nebels fährt er ziemlich schnell.

(2) _____ des Streiks fahren keine Busse.

(3) _____ meines Urlaubs war ich drei Wochen in den USA.

(4) _____ eines Mittagessens isst sie nur ein Stückchen Schokolade.

4. Antworten Sie die Fragen mit *brauchen/ brauchen ... zu*.

(1) Was brauchst du für die Reparatur? _____

(2) Was brauchst du für den Umzug? _____

(3) Habt ihr das Haus renoviert? _____

(4) Hast du den Termin abgesagt? _____

(5) Wechselt er Geld? _____

Teil 3 / Texte

Text Ⓐ

Praktikum

Text A Aufgabe 1

_____

Möglicherweise habt ihr oder einige eurer Klassenkameraden schon ein Praktikum in einem Betrieb und so erste Erfahrungen mit dem Berufsleben gemacht. Vielleicht haben euch die drei Wochen in einer Gärtnerei oder bei einem Tierarzt so gut gefallen, dass ihr jetzt schon wisst, welchen Beruf ihr ergreifen wollt. Ihr habt praktische Informationen bekommen und wisst besser Bescheid. Das ist *schließlich* auch der Sinn dieses Teils eurer Schulausbildung.

_____

Praktika (das ist die Mehrzahl von „Praktikum") gibt es nicht nur für Schülerinnen und Schüler. In anderen Ausbildungen hat ein Praktikum ebenfalls den Sinn, theoretische Kenntnisse durch die Praxis zu ergänzen und zu vertiefen.

_____

Heute hört man manchmal die Bezeichnung „Generation Praktikum". Was ist damit gemeint? Es kommt immer öfter vor, dass Praktikantinnen und Praktikanten von Betrieben aus Kostengründen als Ersatz für *regulär* bezahlte Arbeitnehmer beschäftigt werden. Praktikanten werden *nämlich* gar nicht oder nur gering bezahlt. Manchmal geschieht das gleich mehrmals hintereinander, ohne dass daraus eine richtige Anstellung wird. Fair ist das nicht!

(nach: https://www.hanisauland.de/wissen/lexikon/grosses-lexikon/p/praktikum.html)

Aufgaben

1. Richtig oder falsch, kreuzen Sie an.

	richtig	falsch
(1) Der Autor meint, dass alle von den Lesern schon ein Praktikum gemacht haben.	( )	( )
(2) Die theoretischen Kenntnisse werden durch Praktika ergänzt und vertieft.	( )	( )
(3) Manche Betriebe stellen Praktikantinnen und Praktikanten ohne Bezahlung als Arbeitnehmer an.	( )	( )

2. Wählen Sie für die drei Abschnitte jeweils eine Überschrift aus.

„Generation Praktikum"

Erfahrungen mit dem Berufsleben machen

Begriffsbestimmung

3. Erklären Sie die folgenden Wörter im Text oder schreiben Sie Synonyme.

(1) möglicherweise

_____

(2) schließlich

_____

(3) regulär

_____

(4) nämlich

_____

Text **B**

Text B Aufgabe 2

Warum ist es sinnvoll, ein Praktikum zu machen?

Wer noch gar keine Erfahrungen auf dem Arbeitsmarkt sammeln konnte, hat es oft schwerer. Berufsanfänger schlagen sich mit dem sogenannten Permission Paradox herum: *Ohne Job keine Erfahrung, ohne Erfahrung keinen Job.* Ein Praktikum (Mehrzahl: Praktika) wertet den Lebenslauf auf und erhöht somit die Jobchancen bei einer Bewerbung. Sinnvoll kann ein Praktikum auch zwischen zwei Jobs oder bei einer länger dauernden Jobsuche sein. So wird die Lücke im Lebenslauf nicht zu groß. Bewerber können dadurch nachweisen, dass sie in der Zeit aktiv waren und sich weiterentwickelt haben.

Was für Praktika gibt es?

Es gibt verschiedene Arten von Praktika, die sich je nach Dauer, Ablauf und Rahmenbedingungen anders gestalten. Unterscheiden lassen sich folgende Praktikumsarten:

――――――――――

Das Praktikum für Schüler findet während der Schulzeit – in der Regel zwischen der 8. und 11. Klasse – statt. Diese Praktika sind im Lehrplan festgeschrieben und dauern oft nicht länger als ein bis zwei Wochen. Manchmal ist diese Form des Praktikums als regelmäßige Praxistage gestaltet. In dem Fall hat der Schüler einen festen Praktikumstag in der Woche.

――――――――――

Hier lässt sich zwischen freiwilligen und verpflichtenden Praktika unterscheiden – siehe die nächsten beiden Punkte. Studenten, die beispielsweise in den Semesterferien ein freiwilliges Praktikum absolvieren, werden bei Gehalt und Ansprüchen anders behandelt als Pflichtpraktikanten.

――――――――――

Sie finden im Rahmen des Studiums statt. Manche dieser Praktika dienen sogar der Zulassungsvoraussetzung, wie etwa das Vorpraktikum im Maschinenbau. In der Regel gibt die Studienordnung Ablauf und Dauer dieser Praktika vor. Oft müssen die Praktikanten zwei diese Praktika bis zum Master-Abschluss absolvieren. In dieser Zeit besteht für sie kein Urlaubsanspruch. Die Vergütung ist sozialversicherungsfrei und wird auf das BAföG angerechnet.

――――――――――

Jeder kann sich freiwillig für ein Praktikum bewerben und so neben Berufserfahrungen auch Kontakte in ein Unternehmen oder eine Branche gewinnen. Oft werden freiwillige Praktika dazu genutzt, sogenannte Soft Skills zu trainieren beziehungsweise im Lebenslauf nachzuweisen. Also beispielsweise das Arbeiten in Projekten und Teams. Passende Praktikumsstellen finden sich in nahezu in jedem Berufsfeld. Besonders beliebt sind Praktika in der Industrie, aber auch bei der Feuerwehr oder Bundeswehr.

(nach: https://karrierebibel.de/praktikum/)

Gut zu wissen!

Aufgaben

Wählen Sie für die vier Abschnitte jeweils eine Überschrift aus.

Schülerpraktikum	Freiwilliges Praktikum
Pflichtpraktikum	Praktikum Studenten

1. Richtig oder falsch? Kreuzen Sie an.

	richtig	falsch
(1) Es ist ratsam, ein Praktikum vor dem Job zu machen.	( )	( )
(2) Es wird vorgeschlagen, dass Schüler ein Praktikum während der Schulzeit machen.	( )	( )
(3) Man bezahlt die freiwilligen und verpflichtenden Praktikanten gleich.	( )	( )
(4) Als Maschinenbaustudent muss man zuerst Praktika machen, bevor man sich um einen Urlaub bewirbt.	( )	( )
(5) Während die Studenten Praktika zum Abschluss in Betrieben machen, brauchen sie keine zusätzliche Sozialversicherung zu bezahlen.	( )	( )

2. Was bedeutet der Satz im Text „Ohne Job keine Erfahrung, ohne Erfahrung keinen Job"? Diskutieren Sie mit Ihrem Partner/Ihrer Partnerin.

_____

_____

_____

Text **C**

Praktikum machen: Tipps und Fehler vermeiden

Praktikum machen: 4 Tipps

Text C Aufgabe 1

Zu Beginn des Praktikums steht oft nur grob fest, was der oder die Praktikantin zu tun hat. Die Beschreibung in der Stellenanzeige spiegelt nicht zwingend das tatsächliche Spektrum oder die Realität wider. Auch das obligatorische „Kaffee kochen" und „Kopieren" gehören mitunter zu den Tätigkeiten, die man Praktikanten auferlegt. Seien Sie bitte für nichts zu schade. Nutzen Sie die Chance vielmehr dazu, vage Arbeitsinhalte zu präzisieren. Mit den folgenden Tipps holen Sie aus dem Praktikum mehr heraus:

1. Initiative zeigen

Gehen Sie produktiv mit Leerlauf um: Überlegen Sie, an welcher Stelle gerade jemand gebraucht wird und bieten Sie Ihre Hilfe an. Niemals abwarten und passiv rumsitzen! Fragen Sie lieber nach, wer Hilfe braucht. Den Kollegen und Ihrem Chef wird es positiv auffallen, dass Sie selbst Vorschläge machen und Eigeninitiative zeigen. Und wenn partout nichts zu tun ist, fragen Sie wenigstens, ob Sie in der Zeit Ihren Praktikumsbericht vorbereiten oder Fachzeitschriften lesen dürfen.

2. Praktikum mitgestalten

Warten Sie nicht darauf, dass einer der Kollegen Sie an die Hand nimmt und in sein Projekt einbezieht. Interessieren Sie sich besonders für einen bestimmten Bereich oder ein Projekt? Dann sprechen Sie den entsprechenden Kollegen an und bieten Sie ihm Ihre Unterstützung an. Auch auf diese Weise können Sie mitbestimmen, wie Ihr Praktikum verläuft.

3. Fragen stellen

Es gibt kaum dumme Fragen, aber zu späte. Gerade am Anfang des Praktikums gesteht man Ihnen Rückfragen eher zu, als wenn Sie schon einige Erfahrungen gemacht haben – und sich immer noch nach den Basics erkundigen. Das wirft ein schlechtes Licht auf Ihre bisherige Arbeit und Lernfähigkeit. Deshalb: Gerade am Anfang viele Fragen stellen, Notizen machen, lernen, umsetzen…

4. Interesse zeigen

Erledigen Sie auch offensichtliche Sisyphus-Arbeiten oder einfachste Tätigkeiten wie die Spülmaschine ausleeren mit Interesse und Engagement. Das betont Ihren Teamgeist und statusfreies Denken. Diven und Superstars dagegen kann keiner leiden. Je aktiver Sie sich einbringen, desto weniger wird man Sie für den Krimskrams nutzen.

Praktikum machen: Diese 5 Fehler vermeiden!

Es gibt allerdings auch ein paar Gefahren und Stolperfallen, die im Praktikum lauern. „Lehrjahre sind keine Herrenjahre", heißt es zurecht. Als Praktikant stehen Sie (im Gegensatz zu Auszubildenden) zwar oft außerhalb der Hierarchie, dennoch sollten Sie zunächst bescheiden auftreten und keine Bugwelle erzeugen, als seien Sie der Christus der Branche. Mit ein wenig Empathie, Diplomatie und Fingerspitzengefühl lassen sich die meisten Klippen umschiffen. Folgende Fettnäpfe und Fehler im Praktikum sollten Sie vermeiden:

1. Zu spät kommen

Wiederholt zu spät zu kommen oder ohne Absprache früher zu gehen, ist ein absolutes No-Go. Arztbesuche sollten Sie in den ersten Wochen ebenfalls vermeiden, ansonsten bitte rechtzeitig ankündigen und Bereitschaft signalisieren, den Termin zu verschieben. Termine wie Familiengeburtstage klären Sie bitte ebenfalls vorher ab.

2. Arbeitscomputer privat nutzen

Auch wenn man Ihnen einen Computer mit Internetzugang zuteilt – klären Sie unbedingt vorher, ob Sie damit auch mal privat surfen dürfen. Selbst wenn es erlaubt sein sollte: Seien Sie zurückhaltend mit Besuchen auf Facebook oder Instagram. Wenn das Interesse hierfür größer ist, wirft das ein schlechtes Licht auf Sie.

3. Am Flurfunk beteiligen

Halten Sie sich mit Klatsch und Tratsch zurück. Schon gar nicht dürfen Sie mitlästern. Bleiben Sie unbedingt neutral. IMMER! Was allein erlaubt ist: Nutzen Sie den Flurfunk, um sich ein besseres Bild vom Unternehmen zu machen. Fragen Sie sich, ob Sie in dieser Atmosphäre langfristig wohlfühlen.

4. Als Besserwisser auftreten

Sie stecken voller Motivation und in Ihrem Kopf schwirren etliche Ideen, was man im Unternehmen verbessern könnte. Grundsätzlich gut. Aber sagen sollten das Praktikanten nie so. Verpacken Sie Ihre Vorschläge besser in unschuldige Fragen: Wie wäre es, wenn wir…? Pluspunkte sammelt, wer es schafft, den Kollegen das Gefühl zu geben, sie seien selbst auf die Idee gekommen.

5. Keine Kritik annehmen

Praktikanten lernen noch. Deshalb ist Kritik an Ihrer Arbeit völlig normal. Nehmen Sie diese nie persönlich. Danken Sie vielmehr für das Feedback. Danach sollten Sie versuchen, die Kritik umzusetzen und es beim nächsten Mal besser zu machen. So wachsen nicht nur Sie selbst – Sie signalisieren auch Lernwillen und -fähigkeit.

(nach: https://karrierebibel.de/praktikum/)

Aufgaben

1. Wählen Sie die richtige Lösung aus.

(1) Als Praktikant soll man ...

a. die Sachen, die nicht in der Stellenanzeige stehen, nicht machen.

b. alles machen, was man kann.

c. möglichst zurücktreten.

(2) ... ist vorgeschlagen.

a. Hilfe geben

b. Abwarten und passiv sitzen

c. Vorbereitung des Praktikumsberichts oder Lesen der Fachzeitschriften ohne die Genehmigung der Betreuer

(3) Wenn Sie sich für einen Bereich interessieren, ...

a. machen Sie sofort die entsprechende Arbeit allein.

b. erkundigen Sie sich bei den Kollegen danach und unterstützen sie.

c. bleiben Sie lieber zurück, weil die nicht zu deinem Praktikumsinhalt gehören.

(4) Wenn Sie Probleme während des Praktikums haben, ···

a. fragen Sie sofort, schreiben Sie Notizen und setzen Sie um.

b. surfen Sie im Internet, um die Lösung zu finden.

c. ignorieren Sie sie und machen die anderen Aufgaben.

(5) Machen Sie die Kleinigkeiten, ...

a. weil es Ihre Teamfähigkeit zeigt.

b. weil alle Praktikanten es machen müssen.

c. sonst würden Sie im Büro verdrängt.

2. Was sollte man als Praktikant nicht machen? Schreiben Sie fünf Vorschläge in vollständigen Sätzen.

a._____

b._____

c._____

d._____

e._____

Text **D**

Aufbau des Praktikumsberichts

Text D Aufgabe 1

Zum Studium des Bauingenieurs gehört ein Praktikum. Dieses müssen Sie mit einem Praktikumsbericht dokumentieren. Dabei sollten Sie einiges beachten.

Üblicherweise sollte der Bericht über das Praktikum als Bauingenieur so aufgebaut:

1. Das Praktikum muss in der Regel bei einer Firma, die zum Bauhauptgewerbe gehört, absolviert werden, Sie sollen während des Praktikums überwiegend bzw. ausschließlich handwerklich tätig sein. Beide Aspekte müssen unbedingt beim Anfertigen des Berichts berücksichtigt werden. Fertigen Sie ein Deckblatt an, aus dem die genaue Firmenbezeichnung hervorgeht. Außerdem sollen dort Ihre Daten, auch die Matrikelnummer und der betreuende Professor aufgeführt sein.

2. Gliedern Sie den Praktikumsbericht in eine Einführung, in der Sie begründen, wieso Sie diese Firma für das Praktikum ausgewählt haben. Anschließend stellen Sie diese Firma kurz vor. Beenden Sie die Vorstellung mit einer Skizze über die Organisationsstruktur der Firma, aus der zu ersehen ist, welche Mitarbeiter (mit genauer Berufsbezeichnung) in welcher Position sind. So ist leicht nachvollziehbar, wer Sie in was unterwiesen hat.

3. Stellen Sie dann den Aufgabenbereich vor, in dem Sie tätig waren. Erwähnen Sie Ihren Arbeitsplatz, Ihre Kompetenzen und was Sie genau erledigen mussten, z. B. Erdaushub, Maschineneinsatz, Kalkulation.

4. Schließen Sie daran eine Ausführung über die Projekte an, bei denen Sie tätig waren, z. B. Bau einer Straße von ... nach ... Angaben mit genauer Projekt Beschreibung wie viele km, Art des Baus etc. Erwähnen Sie Ihre Aufgaben im Rahmen des jeweiligen Projekts.

5. Beenden Sie diesen Teil mit einem persönlichen Fazit, was Ihnen die Arbeit an Erfahrung für die Tätigkeit als Bauingenieur gebracht hat.

6. Führen Sie im Anhang alle Maschinen auf, die Sie selbst bedienen durften oder in die Sie eine Einweisung bekommen haben.

Selbstverständlich ist der Praktikumsbericht im DIN-A4-Format anzufertigen, meistens soll er in gebundener Form abgeliefert werden, aber auch Mappen sind üblich.

Das sollten angehende Bauingenieure im Bericht erwähnen

● **Auch wenn Sie beim Praktikum als Bauingenieur handwerklich tätig sein sollen,** heißt das nicht, dass Sie ausschließlich körperlich arbeiten müssen. Zum Handwerk gehören auch Berechnungen z. B. über Erdaushub, benötigtes Baumaterial und die Planung wie

Menschen und Maschinen eingesetzt werden. Auch eine Mitwirkung an der Kalkulation von Projekten sollten Sie erwähnen.

● Der Praktikumsbericht soll einem Dritten vermitteln, was Sie während des Praktikums gelernt haben, in dem Zusammenhang ist es wichtig, dass Sie erwähnen, wer Ihnen Einweisungen gegeben hat.

● Zeigen Sie im Rahmen des Praktikumsberichts auch anhand von Fotos, wie umfassend Ihre Tätigkeit war. Dabei sollen Sie aber keine klischeehaften Bilder von sich in Bauarbeiterposen einbinden, aber Bilder der Maschinen, die Sie bedient haben oder von den Projekten (Baufortschrittsdokumentationen) sind passend.

Wie erwähnt, was im Einzelnen im Praktikumsbericht an Ihrer Uni gewünscht ist, sollten Sie im Gespräch mit dem zuständigen Dozenten abklären. Dieser Leitfaden ist sicher bei dem Gespräch eine Hilfe.

(nach: https://www.helpster.de/praktikumsbericht-als-bauingenieur-schreiben-darauf-sollten-sie-achten_133842)

Aufgaben

1. Richtig oder falsch? Kreuzen Sie an.

	richtig	falsch
(1) Als Bauingenieurstudent kann man in einem Betrieb, in einer Werkstatt oder in einem Unternehmen Praktika machen.	( )	( )
(2) Im Praktikumsbericht kommt die Begründung der Auswahl von der gewählten Firma und die Vorstellung der Firma zuerst.	( )	( )
(3) Als Bauingenieur macht man beim Praktikum nur körperliche Arbeit.	( )	( )
(4) Im Praktikumsbericht sollten Praktikanten Arbeitsfotos beifügen, welche ihre fleißige Arbeit zeigen, wie z.B. Körperhaltung beim Schaufeln, Fahren einer Grabmaschine, usw.	( )	( )
(5) Praktikanten sollen ihre Arbeitserfahrungen am Ende des Berichts zusammenfassen, um zu zeigen, was sie beim Praktikum erfahren und gelernt haben.	( )	( )

2. Füllen Sie das Deckblatt aus und schreiben Sie danach eine Gliederung für einen Praktikumsbericht.

Deckblatt

PRAKTIKUMSBERICHT

Name: _____

Matrikelnummer: _____

Betreut von: _____

Gliederung

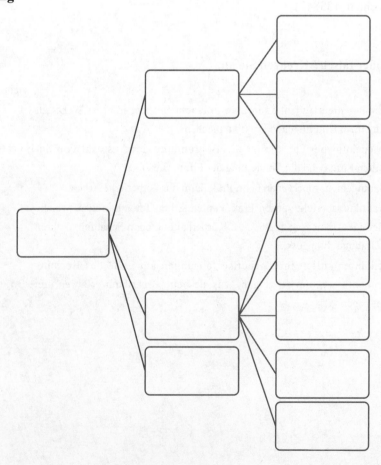

Teil 4 / Aufgabe

Zhang Ming macht gleich Praktikum. Er hat im Internet gesurft und eine Praktikumsanzeige gelesen, wofür er sich interessiert. Zhang Ming liest die Anzeige. Er füllt das Formular aus und schreibt seinen Lebenslauf.

Drägerwerk AG & Co. KGaA

Praktikum / Abschlussarbeit Maschinenbau, Elektrotechnik

Moislinger Allee 53-55, 23558 Lübeck

Dafür suchen wir Dich

Studieren macht Spaß – theoretisch. Falls du es zur Abwechslung mal praktisch magst, bringst du bei Dräger vom ersten Tag an deine Ideen ein und übernimmst Verantwortung für ›Technik für das Leben‹. Im Bereich Workplace Infrastructure unterstützt du das Team des Life Cycle Engineering für drei bis sechs Monate tatkräftig im Serienmanagement oder bei kundenspezifischen Lösungen. Leben schützen, unterstützen und retten sind die Ziele, die uns alle bei Dräger miteinander verbinden. Finde heraus, wie gut das zu deinen persönlichen Zielen passt.

Deine zukünftigen Aufgaben:

● Lösungsansätze zur Produktverbesserung erarbeiten, z.B. Updates, Kostenreduzierungen, Marktanalysen, Qualitätsoptimierung

● elektrische, mechanische oder elektromechanische Prototypen konstruieren, aufbauen und testen

● in einem interdisziplinären Team mit dem Fokus auf medizinische Gas Management Systeme, Wand- und Deckenversorgungseinheiten oder OP-Leuchten mitarbeiten

In Abhängigkeit der Erfordernisse des Fachbereiches und der Praktikumsaufgaben bieten wir die Möglichkeit an, teilweise mobil zu arbeiten. Zu den Details tauschen wir uns im persönlichen Bewerbungsgespräch aus.

Das bringst Du mit

● Studium des Maschinenbaus, Mechatronik, Elektrotechnik, Informatik oder Medizintechnik im mindestens 4. Fachsemester oder vergleichbarer Studiengang

● wünschenswert sind Kenntnisse in MS Office und wahlweise gute Kenntnisse einer CAD-Software (z.B. SolidWorks) und Wissen um den Produktentwicklungsprozess sowie gängiger Fertigungstechniken für Metalle oder Kunststoffe oder einer Programmiersprache (embedded C/C++/C#) sowie Kenntnisse zur Firmware-Gestaltung, Nutzung objektorientierter Methoden und Hardware-Design

● Teamgeist sowie eine selbstständige und lösungsorientierte Arbeitsweise sowie experimentelles/ handwerkliches Geschick

● gute Englischkenntnisse sind wünschenswert

(nach: https://www.meinpraktikum.de/stellen/praktikum-abschlussarbeit-maschinenbau-elektrotechnik-bei-draegerwerk-ag-co-kgaa-in-luebeck-ce6c333b-5489-464e-bbd3-c909a4ab1171)

Vorname	
Nachname	
Geschlecht	
Geburtstag	
Staatsangehörigkeit	
E-Mail	
Handy	

Lebenslauf

Evaluation

Bewerten Sie Ihren Lernerfolg
mithilfe dieser Grafik. Auf jeder
Achse sollen Sie einen Punkt
auswählen und dadurch ein
Viereck bilden wie im Beispiel.

Glossar

Text Ⓐ

der	Kameraden, -		同伴，同事，同学
der	Betrieb, -e		企业，工厂
	ergreifen		抓住，握住；采取
	rund	Adv.	大约
der	Sinn, -e		知觉；意义
	vertiefen		使深化，加深
die	Generation,-en		辈，代
die	Anstellung,-en		任用，雇佣
	fair	Adj.	规矩的，公平的

Text Ⓑ

der	Anfänger, -		初学者；新人
die	Permission		容许，许可
das	Paradox, -en		悖论
der	Lebenslauf, Lebensläufe		履历，简历
	nach/weisen		证明，证实
	gestalten		塑造；形成；举办
	unterscheiden		区别；划分
	fest/schreiben		确定
	regelmäßig	Adj.	有规则的，按规律的
	verpflichtend	Adj.	有责任的，有义务的
die	Zulassungsvoraussetzung, -en		入学要求
die	Studienordnung, -en		学习条件，学习规则
der	Urlaubsanspruch		休假的权利
	an/rechnen		要价；评价，估计

Text C

	grob	Adj.	粗略的
die	Stellenanzeige, -n		招聘广告
	wider/spiegeln		反射，反映
	obligatorisch	Adj.	责无旁贷的，有义务的
die	Initiative		主动权；积极性；倡议
der	Sisyphus		希腊神话里的坏君主
das	Engagement		责任心，事业心
	statusfrei	Adj.	无阶级差别
	lauern	vi.	埋伏，潜伏
die	Hierarchie,-n		等级，等级制度
die	Empathie		移情，共情
die	Klippe, -n		障碍
	zurückhaltend	Adj.	不引人注目的；冷淡的
der	Flurfunk		同事之间的信息交流
	Klatsch und Tratsch		风言风语
	mit/lästern		说别人坏话
	schwirren		飞驰而过

Text D

	dokumentieren		表示，表明
	üblicherweise	Adv.	通常
	berücksichtigen		考虑，顾及
	hervor/gehen		产生，出现，得知
die	Matrikelnummer, -n		学号，注册号
	auf/führen		上演，提到
	nachvollziehbar	Adj.	可理解的，可领会的
	unterweisen		指导，传授
die	Kalkulation, -en		核算，估计
der	Erdaushub		挖掘
die	Einweisung, -en		安装
	klischeehaft	Adj.	刻板的，老套的
der	Leitfaden, Leitfäden		教科书，主导思想

Lektion 4
Jobsuche

Lernziel

◆ Sprachkenntnisse wie Modalverben *müssen, können, wollen* beherrschen

◆ den Ablauf von Jobsuche kennenlernen

◆ Bewerbungsbrief schreiben

◆ Kommunikationsfähigkeit und Teamfähigkeit erhöhen

Teil 1 / Einführung

Vor dem Unterricht suchen Sie eine Stellenanzeige für Ingenieure. Beantworten Sie folgende Fragen anhand der Stellenanzeige:

(1) Was macht man als Ingenieur?

(2) Wie viel Gehalt bekommt man monatlich?

(3) Welche Voraussetzungen muss man erfüllen?

Andere Fragen schreiben Sie auf.

_____

_____

_____

Tauschen Sie im Kurs die Ergebnisse mit Ihrem Partner oder Ihrer Partnerin aus.

Teil 2 / Wortschatz und Grammatik

1. Modalverb *müssen*

(1) Konjugation

Infinitiv	müssen
ich	muss
du	musst
er/sie/es	muss
wir	müssen
ihr	müsst
sie	müssen
Sie	müssen

情态助动词属于特殊变位动词，第一人称和第三人称的变位一致。

(2) Anwendung

1) Notwendigkeit 必要性

Du musst den Vertrag unterschreiben.

2) müssen+nicht=不需要，也可以用brauchen nicht+zu来替换。

Du musst die Arbeit nicht machen. = Du brauchst die Arbeit nicht zu machen.

Übung

Bilden Sie Sätze mit *müssen*.

(1) 6, Jahren, Kinder, alle, gehen, Mit, Schule, zur, müssen

_____.

(2) Herr, Baumann, zu, müssen, bleiben, Hause

_____.

2. Modalverb *können*

(1) Konjugation

Infinitiv	können
ich	**kann**
du	kannst
er/sie/es	**kann**
wir	können
ihr	könnt
sie	können
Sie	können

(2) Anwendung

1) Möglichkeit 必要性

Hier kann man gut essen.

2) Fähigkeit 能力

Ihr könnt schon viel auf Deutsch sprechen.

3) Erlaubnis 许可

Kann ich den Computer benutzen?

Übung

Bilden Sie Sätze mit *können*.

(1) Er, Französisch, und, sprechen, können, Deutsch

_____.

(2) Wochenende, am, können, vielleicht, zusammen, gehen, essen, wir

_____.

3. Modalverb *wollen*

(1) Konjugation

Infinitiv	wollen
ich	**will**
du	willst
er/sie/es	**will**
wir	wollen
ihr	wollt
sie	wollen
Sie	wollen

(2) Anwendung

1) Wunsch 愿望

Ich will später Astronaut werden.

2) Absicht 意图

Er will im Sommer seinen Geburtstag feiern.

✎Übung

Bilden Sie Sätze mit *wollen*.

(1) Maschinenbau, Deutschland, in, wollen, sie, studieren

_____.

(2) einer, Morgen, wir, wollen, in, Exkursion, machen, Fabrik

_____.

4. Konjunktion *aber, denn, und, sondern, oder*

(1) Thomas muss jeden Morgen früh aufstehen **und** mit dem Auto zur Arbeit fahren, **denn** er wohnt im Vorort. **Aber** er arbeitet in der Stadtmitte.

(2) Er hat nicht weiter studiert, sondern direkt nach seinem Bachelorstudium gearbeitet.

(3) Was möchten Sie haben, Fisch oder Fleisch?

✐**Übung**

Verbinden Sie die Sätze mit *und, denn, aber, sondern* oder *oder*.

(1) Er hat viel Geld. Er ist nicht glücklich.

_____

(2) Sie besucht einen Deutschkurs. Sie möchte in Deutschland studieren.

_____

(3) Ich spiele gern Basketball. Ich höre gern Musik.

_____

(4) Möchten Sie einen Benziner? Möchten Sie ein E-Auto?

_____

(5) Er ist nicht in Deutschland geblieben. Er ist nach China zurückgekehrt.

_____

5. Komparativ und Superlativ von *gern* und *oft*

gern-lieber-am liebsten

oft-öfter-am öftesten *oder* am häufigsten

(1) Absolventen bleiben lieber in einer Großstadt als auf dem Land.

(2) Die Pilotstudie ist wegen öfteren Unterbrechungen gescheitert.

✐**Übung**

Füllen Sie die Lücken mit *gern*, *oft*, *lieber* oder *öfter* aus.

(1) Thomas lernt nicht _____ Mathematik. Er mag Deutsch _____ .

(2) Die Naturkatastrophen kommen im Vergleich zu den vergangenen Jahren _____ vor.

(3) Bekommst du _____ das Gefühl, dass du gar nicht weißt was du heute _____ machst?

(4) Fährst du _____ mit dem Auto oder mit dem Fahrrad zur Arbeit?

Teil 3 / Texte

Text Ⓐ

Text A Aufgabe 1

Stellenanzeige

> ▪ HAMM
> ▪ ARNSBERG
> ▪ BOCHUM
>
> **iSW**
> INGENIEUR GMBH
> SCHMIDT & WILLMES
>
> Wir sind ein innovatives Ingenieurunternehmen im Bereich der **Technischen Gebäudeausrüstung** und suchen für unseren Unternehmensbereich ELEKTROTECHNIK **in Hamm, und Bochum** zum nächstmöglichen Zeitpunkt:
>
> **Technische Systemplaner / Technische Zeichner (m/w)**
>
> Aufgabengebiet: Erstellen von CAD-Plänen, Teamassistenz bei der Projektplanung
> Ihre Ausbildung: abgeschlossene Berufsausbildung zum Technischen Systemplaner / Technischen Zeichner Elektrotechnik, Kenntnisse AutoCad, Micosoft Word und Excel
>
> Wenn Sie Spaß an interessanten Aufgaben haben und gerne in einem aufgeschlossenen Team mitarbeiten möchten, bewerben Sie sich schriftlich oder per E-Mail bei der
>
> **ISW Ingenieur GmbH Schmidt & Willmes**
> Bimbergsheide 1 ▪ 59071 Hamm
> hamm@ingenieure-isw.de ▪ www.ingenieure-isw.de

Aufgaben

1. Richtig oder falsch, kreuzen Sie an.

	richtig	falsch
(1) Die Firma braucht einen Bauingenieur.	( )	( )
(2) Man kann gleich mit der Arbeit anfangen.	( )	( )
(3) Ein Studium ist notwendig für diese Arbeit.	( )	( )
(4) Die Bewerbung geht schriftlich oder per E-Mail.	( )	( )

2. Beantworten Sie die Fragen.

(1) Wie heißt die Firma?

_____

(2) Welche Aufgaben muss man erledigen?

_____

(3) Welche Voraussetzungen muss man erfüllen?

_____

(4) Wie kann man sich um diese Stelle bewerben?

_____

3. Bilden Sie Sätze.

Redewendung

Wir sind ein ... im Bereich ... und suchen ...

Wenn Sie Spaß an ... haben, bewerben Sie sich ...

im Durchschnitt   mehr als ...

4. Sprechübung.

Zhang Ming und Thomas sind Freunde und studieren an der gleichen FH in Hannover. Zhang Ming studiert Elektrotechnik, Anna Informatik. Sie haben das Studium gerade abgeschlossen und sind auf der Suche nach Arbeit. Zhang Ming ist der Meinung, dass die Arbeit seinem Studienfach entsprechen muss. Anna glaubt aber, Hauptsache hat man eine Arbeit. Darüber machen die beiden einen Dialog.

> Zhang Ming: Thomas, ich finde, man muss...
> Thomas: ...

Text **B**

Traumberuf finden

Um Ihren Traumberuf finden zu können, helfen auch sogenannte Schlüsselfragen. Sie provozieren zum Nachdenken und geben uns so indirekt Orientierung und mehr Klarheit.

_____

Wer seine Stärken und Talente optimal einsetzen kann, hat mehr Erfolg. Auch erleben Sie dadurch mehr Befriedigung in der Arbeit. Ermitteln Sie ehrlich und umfassend Ihre individuellen Stärken sowie Schwächen.

_____

Fast noch wichtiger als die Stärken ist Ihre Leidenschaft für einen Beruf. Wofür schlägt Ihr Herz, was begeistert Sie und macht Ihnen dauerhaft Spaß? Nur so bleiben Sie auch nach Jahren und Jahrzehnten motiviert.

_____

Arbeiten Sie lieber mit fremden Menschen oder im Büro mit Kollegen? Lieber freier im _Außendienst_ oder mit geregelten Abläufen? Der richtige Job im falschen Umfeld macht unglücklich.

Eine bewusst provokante Frage. Der „*Neid*" muss hier nichts Schlechtes sein. Vielmehr dient er dazu, relevante Auswahlkriterien zu finden. Fragen Sie sich: Warum bin ich darauf neidisch?

Was wäre, wenn Geld keine Rolle spielt? Im ersten Schritt lässt sich so ebenfalls ein Traumjob finden. Im zweiten gilt es, herauszufinden, wie sich damit trotzdem genug Geld verdienen lässt.

(nach: https://karrierebibel.de/traumjob/)

Aufgaben

1. Was passt? Füllen Sie die Lücken aus.

Was sind meine Leidenschaften?	In welchem Umfeld will ich arbeiten?
Wo liegen meine Stärken?	Was würde ich auch umsonst machen?
Auf welche Jobs bin ich neidisch?	

2. Was bedeuten *Außendienst* und *Neid* im Text?

Außendienst

Neid

---

3. Bilden Sie Sätze.

> **Redewendung**
> Um ... zu können, ...
> Vielmehr dient ... dazu, ... zu ...
> **Satz**
> Was wäre, wenn ... keine Rolle spielt?

4. Sprechübung.

Sprechen Sie mit Ihrem Partner oder Ihrer Partnerin.

▲ Was ist dein Traumberuf?

▲ Mein Traumberuf ist…, weil ich…

Text ⓒ

Bewerbung als Ingenieur

Text C Aufgabe 1

Sehr geehrter Herr Schenkel,

auf der Suche nach einer neuen beruflichen Herausforderung bin ich auf die Stellenanzeige auf den Internetseiten Ihres Unternehmens geworden. Gern möchte ich mich Ihnen als qualifizierter Bewerber vorstellen.

Nach dem Abschluss meiner Ausbildung zum Mechatroniker war ich zunächst einige Jahre in meinem Ausbildungsberuf tätig. Berufsbegleitend absolviere ich ein Studium zum Ingenieur für Mechatronik an der Hochschule Hannover, welches ich im April 2022 abgeschlossen habe. Schwerpunkte meines Studiums waren die Planung von Produktions- und Arbeitsabläufen sowie Projektarbeit, Projektorganisation, zeitliche und organisatorische Planung und Projektkontrolle. Für eine Tätigkeit in Ihrem Unternehmen bringe ich die besten Voraussetzungen mit. Neben fundierten Fachkenntnissen und langjähriger Berufserfahrung bringe ich ein hohes Maß an Belastbarkeit und Flexibilität mit. Ich zeichne mich durch eine selbständige und verantwortungsbewusste Arbeitsweise aus. Sehr gute Englischkenntnisse runden mein Profil ab. Sie gewinnen einen engagierten Mitarbeiter mit dem Willen, sich neuen beruflichen Herausforderungen zu stellen.

Gern möchte ich Sie in einem Vorstellungsgespräch persönlich von meinen Stärken überzeugen. Über eine Einladung von Ihnen freue ich mich daher ganz besonders.

Mit freundlichen Grüßen

Ihr Thomas Standt

Gut zu wissen!

Aufgaben

1. Wählen Sie die richtige Lösung aus.

(1) Wo hat der Bewerber die Stellenanzeige gesehen?

a. in der Zeitung

b. im Internet

c. an der Litfaßsäule

(2) Thomas hat ··· abgeschlossen.

a. eine Ausbildung

b. ein Studium

c. eine Ausbildung und ein Studium

(3) Schwerpunkt von seinem Studium sind ···

a. Englisch.

b. Planung von Produktions- und Arbeitsabläufen sowie Projektarbeit, Projektorganisation, zeitliche und organisatorische Planung und Projektkontrolle.

c. Belastbarkeit und Flexibilität.

(4) Thoms freut sich über ...

a. ein Vorstellungsgespräch.

b. Einladung von einer Party.

c. Gruß von Herrn Schenkel.

2. Bilden Sie Sätze.

Redewendung

sich j-n. als ... vorstellen   ... neben ... mitbringen

sich durch ... auszeichnen

Satz

Über eine ... freue ich mich besonders.

3. Laut dem Text gibt es folgende Stärken für eine Bewerbung als Ingenieur:

- Fachkenntnis

- Berufserfahrung

- Belastbarkeit und Flexibilität

- selbständige und verantwortungsbewusste Arbeitsweise

- Sprachkenntnis (Englisch vor allem)

(1) Sprechen Sie mit Ihrem Partner oder Ihrer Partnerin, wie Sie die Stärken finden.

(2) Welche Stärken werden in China besonders geschätzt bei der Jobsuche? Sprechen Sie in der Gruppe.

Text **D**

Jobbörsen in Deutschland

Text D Aufgabe 1

Einen neuen Job zu finden ist dank der zahlreichen Angebote im Internet heute so einfach wie nie zuvor. Jobbörsen haben sich darauf spezialisiert, Stellenanzeigen zu veröffentlichen, zu verwalten und bekannt zu machen.

Der Anteil der Stellen, die noch in Zeitungen veröffentlicht werden, geht immer weiter zurück. Gleichzeitig wächst das Angebot an Online-Jobbörsen, und das kann manchmal unübersichtlich werden.

Jobbörsen sind Datenbanken, in die Unternehmen freie Stellen eintragen können. Viele bieten Stellensuchenden an, sich ein Profil anzulegen, damit sie im Rahmen des Active Sourcing von Recruiter*innen gefunden werden können.

Die Online Arbeitsmärkte bieten Unternehmern eine große Reichweite und die meisten lassen sich mit einer Recruiting-Software integrieren. Man kann über sein Bewerbermanagement-System also automatisch Anzeigen auf mehreren Jobbörsen veröffentlichen und dann messen, welche am besten performen.

Nicht alle Online-Jobbörsen bieten das, was man wirklich braucht. Einige haben sich auf Spezialbereiche konzentriert, andere haben einen eher regionalen Fokus.

Manche Firmen haben eine eigene Jobbörsen-App, andere haben ihre Webseite für mobile Geräte optimiert. Und natürlich gibt es große Unterschiede in der Preisstruktur, wenn es um Anzeigenschaltungen geht.

Zu den bekanntesten Jobbörsen in Deutschland gehören natürlich die Platzhirschen XING, Indeed, die Jobbörse der Arbeitsagentur usw. Aber auch andere Jobportale sind gute Allround-Anlaufstellen, um Ihre Jobs zu inserieren.

Xing

Das größte deutschsprachige Business-Netzwerk bietet seinen Mitgliedern nicht nur eine gute Vernetzung, sondern auch Stellenanzeigen an. Das Netzwerk unterstützt seine Kund*innen beim Employer Branding, Sie können eine eigene Profilseite anlegen und über Kununu Arbeitgeberbewertungen einbinden, um höhere Glaubwürdigkeit zu schaffen.

Indeed

Indeed ist eine der größten Jobplattform weltweit. Und auch in Deutschland spielt die Job-Suchmaschine ganz oben mit. Indeed durchforstet die Jobbörsen und Karriereseiten von Unternehmen nach Angeboten und listet diese dann auf.

Das ist für Unternehmen interessant, die bereits über gut strukturierte Karriereseiten verfügen – sie werden von den Suchrobotern schnell gefunden.

die Jobbörse der Arbeitsagentur

Viele Unternehmen vergessen gerne, dass die Arbeitsagentur über eine Jobbörse verfügt, die kostenfrei ist. Unternehmen und Arbeitssuchende können Profile und Stellenangebote sowie -gesuche anlegen.

Als Behörde arbeitet die Agentur ein wenig anders als die klassischen Stellenbörsen. Der Schwerpunkt liegt klar auf der Vermittlung von Arbeitsstellen an Arbeitsuchende. Hervorgehoben wird immer wieder die persönliche Beratung, die Unternehmen hier erhalten.

(nach: https://recruitee.com/de-artikel/die-besten-jobboersen-deutschland)

Aufgaben

1. Richtig oder falsch, kreuzen Sie an.

	richtig	falsch
(1) Es gibt immer mehr Stellenanzeigen in der Zeitung.	( )	( )
(2) Man kann gleichzeitig auf mehreren Jobbörsen Arbeit suchen.	( )	( )
(3) Die unterschiedlichen Jobbörsen sehen eher ähnlich aus.	( )	( )
(4) XING, Indeed, die Jobbörse der Arbeitsagentur zählen zu den am häufigsten gebrauchten Jobbörsen in Deutschland.	( )	( )

2. Beantworten Sie die Fragen.

(1) Worauf haben sich Jobbörsen spezialisiert?

_____

(2) Was bietet Xing seinen Mitgliedern an?

_____

(3) Warum werden einige Unternehmen von den Suchrobotern bei Indeed schnell gefunden?

_____

(4) Wie arbeitet die Jobbörse der Arbeitsagentur anders als die klassischen Stellenbörsen?

_____

3. Bilden Sie Sätze.

> **Redewendung**
>
> so einfach wie nie zuvor sein
>
> sich auf ... spezialisieren
>
> **Satz**
>
> Zu den bekanntesten ... in Deutschland gehören ...
>
> ... ist eine der größten ... weltweit.

4. Probieren Sie mal eine der obengenannten Jobbörse und teilen Sie die Erfahrung mit Ihrem Partner oder Partnerin.

Teil 4 / Aufgabe

Zhang Ming macht Abschluss und sucht gerade Arbeit. In der Zeitung hat er eine Stellenanzeige gelesen und möchte sich darum bewerben. Er schreibt einen Bewerbungsbrief und der Brief beinhaltet folgende Infos:

(1) Wer ist er?

(2) Wo hat er die Stellenanzeige gesehen?

(3) Warum ist er für diese Stelle geeignet?

Evaluation

Bewerten Sie Ihren Lernerfolg mithilfe dieser Grafik. Auf jeder Achse sollen Sie einen Punkt auswählen und dadurch ein Viereck bilden wie im Beispiel.

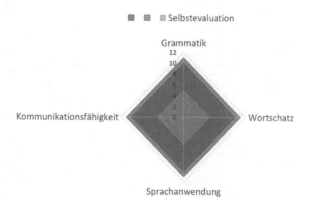

Glossar

Text Ⓐ

	innovativ	Adj.	创新的
	technisch	Adj.	技术的
die	Gebäudeausrüstung,-en		建筑设备
der	Zeitpunkt,-e		时间点
	erstellen		建造
die	Berufsausbildung,-en		职业培训
	aufgeschlossen	Adj.	容易接受新事物的
	schriftlich	Adj.	书面的

Text Ⓑ

der	Traumberuf,-e		理想职业
	provozieren		激发
die	Orientierung,-en		定位，方向
die	Stärke,-n		强项
das	Talent,-e		天赋
die	Befriedigung,-en		满足
die	Schwäche,-n		弱项
der	Außendienst		外勤
der	Ablauf, Abläufe		期满
	provokant	Adj.	刺激的
	neidisch	Adj.	嫉妒的
	verdienen		赚取

Text Ⓒ

die	Bewerbung,-en		申请
die	Herausforderung,-en		挑战
die	Projektorganisation,-en		项目组织
die	Berufserfahrung,-en		职业经验
die	Belastbarkeit		负荷能力
die	Flexibilität		灵活性
	selbstständig	Adj.	自主的

	verantwortungsbewusst	Adj.	有责任意识的
das	Profil,-e/s		侧面像
die	Einladung,-en		邀请

Text D

die	Jobbörse,-n		求职交易所
	zahlreich	Adj.	无数的
	spezialisieren		使特殊
die	Reichweite,-n		续航
	integrieren		融入；使一体化，集成
	automatisch	Adj.	自动的
	inserieren		做广告
die	Vernetzung,-en		联网
die	Glaubwürdigkeit		可靠性
	weltweit	Adj.	世界上的
der	Suchroboter,-		搜索机器人
die	Arbeitsagentur,-en		联邦就业局
die	Behörde,-n		行政机关
die	Vermittlung,-en		介绍

Lektion 5

Einstieg in den Beruf

Lernziel

◆ Sprachkenntnisse wie Modalverben *möchten, dürfen, sollen* beherrschen

◆ Einstieg in den Beruf kennenlernen

◆ sich über Studium und Arbeit Gedanken machen

◆ Kommunikationsfähigkeit und Teamfähigkeit erhöhen

Teil 1 / Einführung

Haben Sie praktische Erfahrungen gesammelt? Beantworten Sie folgende Fragen:

(1) Haben Sie ein Praktikum oder ein freiwilliges Projekt gemacht?

(2) Haben Sie gearbeitet oder einen Nebenjob gehabt?

(3) Wenn nicht, wie stellen Sie sich den Alltag eines Berufsanfängers vor?

Andere Fragen schreiben Sie auf.

_____

_____

_____

Tauschen Sie im Kurs die Ergebnisse mit Ihrem Partner oder Ihrer Partnerin aus.

Teil 2 / Wortschatz und Grammatik

1. Modalverb *möchten*

(1) Konjugation

Infinitiv	möchten
ich	**möchte**
du	möcht**est**
er/sie/es	**möchte**
wir	möchten
ihr	möchtet
sie	möchten
Sie	möchten

(2) Anwendung

1) höfliche Bitte 礼貌的请求

Ich möchte bitte ein Glas Wein.

2) Wunsch 愿望

Tim möchte eine größere Wohnung haben.

✎Übung

Bilden Sie Sätze mit *möchten*.

(1) Kind, Eis, das, Kugel, eine, möchten

_____.

(2) heute, möchten, Hause, zu, bleiben, er

_____.

2. Modalverb *dürfen*

(1) Konjugation

Infinitiv	dürfen
ich	**darf**
du	darf**st**
er/sie/es	**darf**
wir	dürfen
ihr	dürft
sie	dürfen
Sie	dürfen

(2) Anwendung

1) Erlaubnis 许可

Darf man hier schwimmen？

2) Verbot 禁止（+nicht）

Hier dürfen Sie nicht parken.

✐**Übung**

Bilden Sie Sätze mit *dürfen*.

(1) Auto, nicht, Alkohol, man, nach, dürfen, fahren

_____.

(2) rauchen, hier, ich, dürfen

_____？

3. Modalverb *sollen*

(1) Konjugation

Infinitiv	sollen
ich	**soll**
du	sollst
er/sie/es	**soll**
wir	sollen
ihr	sollt
sie	sollen
Sie	sollen

(2) Anwendung

1) Regel 规定

Du sollst nicht zu spät zum Unterricht kommen.

2) Befehl 转述命令

Der Arzt sagt, ich soll nicht zu viel essen.

3) moralische Pflicht 道德上的义务

Man soll anderen helfen.

**Übung**

Bilden Sie Sätze mit *sollen*.

(1) fleißig, Studenten, lernen, sollen

_____.

(2) fertig, Woche, sagen, nächsten, mit, der, sein, Semesterarbeit, sollen, du, der,

in, Professor

_____, _____.

4. indirekte Fragen

(1) Hast du morgen Zeit?

(2) Ich möchte gern wissen, ob du morgen Zeit hast.

(3) Wann hast du morgen Zeit?

(4) Ich möchte gern wissen, wann du morgen Zeit hast.

**Übung**

Bilden Sie indirekte Fragen mit „Ich möchte gern wissen" als Hauptsatz.

(1) Wo hast du Deutsch gelernt?

(2) Haben Sie in Göttingen studiert?

(3) Wie viel verdient man als Bauingenieur in der Schweiz?

(4) Kommst du auch aus China?

5. Komparativ und Superlativ von *hoch* und *nah*

hoch-höher-am höchsten

nah-näher-am nächsten

(1) Die Arbeiter verlangen höhere Löhne.

(2) Sie können beim Auslandsamt nähere Auskünfte bekommen.

 Übung

Füllen Sie die Lücken mit _hoch, nah, höher_ oder _näher_ aus.

(1) Kommen Sie mit mir, dieser Weg ist _____.

(2) Die Miete in Hannover ist _____, aber in Hamburg ist noch _____.

(3) Warum in die Ferne schweifen? Sieh, das Gute liegt so _____!

(4) Als Tischler ist er _____ begabt.

Teil 3 / Texte

Text Ⓐ

Text A Aufgabe 1

Berufseinstieg

Mit dem Berufseinstieg beginnt ein neuer Lebensabschnitt. Finanzielle Selbstständigkeit und Unabhängigkeit vom Elternhaus gehen mit dem Einstieg ins Berufsleben einher. Eine erfolgreich abgeschlossene Ausbildung stellt ebenso wie ein Hochschulabschluss eine solide Grundlage für den Berufseinstieg dar. Für bestimmte Berufe ist ein Studium Voraussetzung, andere Berufe kann man hingegen nur durch eine Ausbildung erlernen. Wenn Sie noch unsicher sind, ob eine Ausbildung oder doch besser ein Studium zu Ihnen passt, beschäftigen Sie sich mit Ihren persönlichen Interessen und Zielen.

Bei einer dualen Ausbildung arbeitet der Auszubildende in einem Betrieb und besucht die Berufsfachschule, so dass zugleich Theorie und Praxis vermittelt werden. Daneben gibt es Ausbildungsgänge, die vorwiegend in der Berufsfachschule stattfinden und betriebliche Praktika einschließen. Ein duales Studium setzt sich aus Studienzeiten und Praxisabschnitten in einem Unternehmen zusammen, die sich abwechseln. Die Jobsuche kann sich bei einer dualen Ausbildung oder einem dualen Studium sehr einfach gestalten, da die Möglichkeit besteht, von der Ausbildungsfirma übernommen zu werden.

Dagegen müssen sich reine Hochschulabsolventen immer aktiv um die Jobsuche kümmern. Praktika, Jobmessen und Tätigkeiten als Werkstudent bieten die Gelegenheit, Kontakte zu knüpfen. Zudem gibt es an vielen Hochschulen Karrierezentren, die beratend und unterstützend beim Berufseinstieg nach dem Studium zur Seite stehen.

(nach: https://www.randstad.de/karriere/karriereratgeber/berufseinstieg/）

Aufgaben

1. Richtig oder falsch, kreuzen Sie an.

	richtig	falsch
(1) Manche Berufe verlangen eine akademische Bildung.	( )	( )
(2) In einer dualen Ausbildung liegt Praxis im Mittelpunkt.	( )	( )
(3) Wenn man ein duales Studium gemacht hat, findet man einfacher eine Arbeit.	( )	( )
(4) Notfalls kriegt man auch eine Stelle im Karrierezentrum.	( )	( )

2. Beantworten Sie die Fragen.

(1) Was sind die Vorrausetzungen für eine solide Grundlage des Berufseinstiegs?

_____

(2) Wie sieht ein duales Studium aus?

_____

(3) Warum kann sich die Jobsuche bei einer dualen Ausbildung oder einem dualen Studium einfach gestalten?

_____

(4) Welche Funktionen hat ein Karrierezentrum an der Hochschule?

_____

3. Bilden Sie Sätze.

Redewendung

Wenn Sie unsicher sind, ob... zu Ihnen passt, beschäftigen Sie sich mit...

Zudem gibt es..., die bei... zur Seite stehen.

4. Sprechübung.

Patrik und Tina sind Schulkameraden eines Gymnasiums. Sie haben das Abitur gemacht und können jetzt studieren. Patrik möchte ein duales Studium machen, denn er kann währenddessen auch Geld verdienen. Tina meint aber, man soll sich auf das Studium konzentrieren, ein normales Studium wäre das Richtige für sie. Darüber machen die beiden einen Dialog.

Patrik: Tina, ich finde, ein duales Studium ...

Tina: ...

Text B

Einstiegsmöglichkeiten für Berufsanfänger

Schule, Ausbildung, Studium bereiten auf den Arbeitsmarkt vor – trotzdem ist der Anfang für Berufseinsteiger nicht immer leicht. Die Suche nach passenden Jobs, der Bewerbungsprozess und der Einstieg sind große Herausforderungen. Einige praktische Erfahrungen sind immer nützlich dafür. Für den Berufseinstieg eignen sich verschiedene Varianten:

Trainee-Programm

Sie treten ein Trainee-Programm an. Ein solcher Berufseinstieg dient dazu, nach einem klaren Plan zahlreiche Abteilungen kennenzulernen und sich einen umfassenden Überblick im Unternehmen zu verschaffen. Denn das Ziel eines Trainees ist am Ende eine Führungsposition. Darauf werden Sie vorbereitet.

Werkvertrag

Werk- oder Honorarverträge bieten beiden Seiten die Möglichkeit, sich in Form einer freien Mitarbeit besser kennenzulernen und zu entscheiden, ob es passt. Werkverträge werden für ein Projekt geschlossen, Honorar- oder Rahmenverträge sind die Basis für freie Mitarbeit, die regelmäßig erfolgen kann. Ein Anstellungsverhältnis entsteht dadurch nicht, es kann aber später darin münden, sofern sich beide Parteien darauf einigen. Solche Verträge können ein Einstieg in eine spätere Festanstellung sein oder auch in die Selbstständigkeit.

Befristeter Vertrag/Projekt

Ein befristeter Arbeitsvertrag ist ebenfalls ein gern verwendetes Instrument. Man kann es als verlängerte Probezeit betrachten. In der Regel schließt man ihn für ein oder zwei Jahre. Ob es danach zu einer Übernahme ohne Befristung kommt, hängt von beiden Seiten ab. Ganz gleich, wie es ausgeht, Sie hatten mit einem solchen ersten Job die Chance, wertvolle Erfahrungen zu sammeln.

Zeitarbeit

Wenn Sie sich noch nicht sicher sind, welchen Weg Sie einschlagen möchten, kann die Zeitarbeit eine gute Gelegenheit für den Berufseinstieg sein. Sie können in unterschiedlichen Bereichen eingesetzt werden und dabei Ihre Stärken besser erkennen. Als Orientierungshilfe ist die Zeitarbeit gut geeignet.

Praktikum

In einigen Fällen kann auch ein Praktikum die richtige Wahl sein. Zum Beispiel, wenn

Ihnen noch Fähigkeiten fehlen, die Sie für Ihren favorisierten Job benötigen. Praktika können ähnlich wie eine Zeitarbeit dabei helfen, die richtige Richtung für sich zu finden. Im Gegensatz zur Zeitarbeit haben Sie dann wechselnde Arbeitgeber. Manchmal ist ein Praktikum auch eine sinnvolle Entscheidung, um Lücken im Lebenslauf nicht zu groß werden zu lassen bis Sie Ihren ersten Job finden.

Sie sehen eine geeignete Stelle und erhalten den Job. Nach überstandener Probezeit haben Sie den Direkteinstig und damit den klassischen Weg ins Berufsleben geschafft.

Aufgaben

1. Richtig oder falsch, kreuzen Sie an.

		richtig	falsch
(1)	In einem Traineeprogramm kann man einen groben Eindruck von dem Unternehmen gewinnen.	( )	( )
(2)	Durch einen Werkvertrag kann man eine direkte Stelle bekommen.	( )	( )
(3)	Die Zeitarbeit hilft einem dabei, die richtige Arbeit zu finden.	( )	( )
(4)	Als Praktikant arbeitet man immer für den gleichen Arbeitgeber.	( )	( )

2. Beantworten Sie die Fragen.

(1) Warum ist der Anfang für Berufseinsteiger nicht immer leicht?

_____

(2) Was könnte ein Werkvertrag bringen?

_____

(3) Wie lange dauert ein befristeter/-es Vertrag/Projekt?

_____

(4) Welche Einstiegsmöglichkeiten gibt es für Berufsanfänger?

_____

3. Bilden Sie Sätze.

> **Redewendung**
> Auf ... vorbereiten   sich für ... eignen
> sich auf ... einigen
> **Satz**
> Als ... ist ... gut geeignet.
> In einigen Fällen kann auch ... die richtige Wahl sein.
> Im Gegensatz zu ... haben Sie dann ...

Text C

Arbeiten versus Weiterstudieren

Ist nach dem Bachelorstudium der Berufseinstieg wirklich die richtige Wahl für Sie? Oder wären Sie in einem Masterstudium besser aufgehoben? Wir haben beide Optionen unter verschiedenen Aspekten beleuchtet:

_____

Können Sie keinen Hörsaal mehr sehen und wollen Sie Ihr Wissen endlich praktisch anwenden, ist der direkte Berufseinstieg natürlich Ihre erste und beste Wahl. Ein Masterstudium beinhaltet zwar in vielen Fällen auch praktische Elemente, doch wenn Berufserfahrung Ihr primärer Fokus ist, kann ein konsekutiver Master nicht Ihre erste Wahl sein.

_____

Hier kommt es stark auf Ihre Branche und auf Ihre Erwartungen an. Sind Sie bereit, in einem primär operativ ausgerichteten Job zu beginnen und wollen Sie sich Ihre *Sporen* in der Praxis *verdienen*, ist der direkte Berufseinstieg Ihre beste Option. Dann sind Ihre Bewerbungschancen mit einem guten Bachelor hervorragend.

_____

Streben Sie dagegen eher einen Job mit konzeptioneller und/oder strategischer Ausrichtung an, kann ein Masterabschluss in manchen Branchen fast schon notwendig sein. Das gilt vor allem, wenn Sie sich primär im wissenschaftlichen Bereich oder in der Lehre einen Job sichern wollen.

_____

Auch hier spielen die Gegebenheiten Ihrer Branche eine entscheidende Rolle. Legt man vor allem auf Berufserfahrung und praktische Fähigkeiten Wert, stehen Ihre Karrierechancen mit einem Bachelor und einem später ergänzten, berufsbegleitenden Master am besten. Es ist durchaus möglich, dass Sie in solchen Branchen auch völlig auf den Master verzichten können.

_____

In akademisch geprägten Branchen mit Fokus auf Fachwissen und theoretische Kenntnisse sieht es jedoch anders aus. Hier spielt der Masterabschluss schon beim Berufseinstieg eine wichtige Rolle und kann Ihre Karrierechancen nachhaltig beeinflussen. Ein berufsbegleitender Master bietet hier oft nicht die gleichen Möglichkeiten.

Durch den direkten Berufseinstieg und die damit verbundene praktische Erfahrung können sich Ihnen Karriere- und Berufsoptionen erschließen, die Sie heute noch gar nicht *auf dem Schirm haben*. Außerdem lernen Sie im Job Ihre Stärken und Schwächen ganz neu kennen und können nach den ersten Monaten oder dem ersten Jahr vermutlich deutlich besser beurteilen, welche Wege und Perspektiven für Sie realistisch sind und von welchen Sie besser die Finger lassen.

Legen Sie allerdings Wert auf Planungssicherheit und wollen Sie Ihre Karriere bereits heute so gut wie möglich vorbereiten, stellt ein konsekutiver Master vermutlich den bestmöglichen Weg dar. Zwar überlebt kein (Karriere) Plan den Kontakt mit der Realität, doch ein Masterstudium bietet Ihnen einen klaren zeitlichen Rahmen und rein formal auch deutlich mehr Perspektiven und Möglichkeiten. Ob sich diese dann umsetzen lassen, steht auf einem anderen Blatt.

(nach: https://karrierebibel.de/berufseinstieg/)

Aufgaben

1. Was passt? Füllen Sie die Lücken aus.

Bewerbungschancen	Karrierechancen	Perspektiven	Berufserfahrung

2. Was bedeuten *Sporen verdienen* und *auf dem Schirm haben* im Text?

　　(1) Sporen verdienen _____

　　(2) Auf dem Schirm haben _____

3. Bilden Sie Sätze.

> **Redewendung**
> stark auf ... ankommen
> eine entscheidende Rolle spielen
> **Satz**
> Das gilt vor allem, wenn ...

4. Sprechübung.

Sprechen Sie mit Ihrem Partner oder Ihrer Partnerin.

● Möchten Sie gleich arbeiten gehen oder weiterstudieren?

■ Ich möchte ..., weil ich ...

Pro	Contra
- man ist selbstständig	- mit Mastertitel findet man einfacher Arbeit
- man muss sowieso arbeiten	- der Einstiegsgehalt ist höher
…	…

Text D

Ingenieure machen Karriere

Text D Aufgabe 1

Eine Karriere als Ingenieur ist doppelt attraktiv: Ingenieure bekommen gute Gehälter, zudem wirken viele von ihnen an Zukunftsprojekten mit und gestalten so die Welt von morgen.

Leukämie schneller erkennen, das schnellste Hybridauto der Welt bauen, einen Notruf für Autos entwickeln, Ressourcen sparen oder eine flexible Mobilität in der Großstadt von morgen gestalten: Junge Ingenieure arbeiten heute bereits daran, die Probleme von morgen zu lösen.

Rund 540.000 Studenten träumen an deutschen Hochschulen von spannenden, abwechslungsreichen und möglichst dazu noch lukrativen und zukunftsweisenden Aufgaben in Unternehmen oder Forschungseinrichtungen.

Dabei gilt es für junge Ingenieure, sich auf einen Wandel in der Arbeitswelt einzustellen: Forschten früher viele Ingenieure für sich innerhalb einer Forschungs- und Entwicklungsabteilung an neuen Projekten, wird die Projektarbeit in Zukunft immer wichtiger. Innovation ist kein Thema mehr für den Elfenbeinturm, sondern wird zunehmend zu einer branchen-, unternehmens- und abteilungsübergreifenden Aufgabe, in der die Ingenieure eine wesentliche Schnittstellenfunktion übernehmen.

Dabei zeigt sich, dass Studenten für eine Karriere als Ingenieur viele Perspektiven haben: Fachspezifisch als Prüf-, Bau-, Sport-, Wirtschafts-, Chemie- oder auch Textilingenieur. Oder auch in einer gehobenen Laufbahn als Manager. Denn immer mehr CEOs haben einen ingenieurswissenschaftlichen Hintergrund.

(nach: https://www.faz.net/aktuell/karriere-hochschule/die-visionaere-so-machen-junge-ingenieure-karriere-13768447.html)

Aufgaben

1. Wählen Sie die richtige Lösung aus.

(1) Eine Karriere als Ingenieur ist attraktiv, denn

a. man wird gut bezahlt.

b. die Arbeitsbedingung ist gut.

c. man bekommt gute Gehälter und wirkt an interessanten Projekten mit.

(2) Es gibt 540.000...

a. Ingenieure in Deutschland

b. Studenten, die in Deutschland Ingenieurwesen studieren

c. Unternehmen oder Forschungseinrichtungen für Ingenieure

(3) Was bedeutet hier Elfenbeinturm?

a. ein Turm aus Elfenbein

b. Fachgebieten von Wissenschaft

c. eine neue Erfindung

(4) Immer mehr CEOs ...

a. sind Ingenieure.

b. haben Ingenieurwesen studiert.

c. haben als Ingenieur mit der Arbeit angefangen.

2. Bilden Sie Sätze.

> **Redewendung**
>
> von ... träumen
>
> **Satz**
>
> Dabei gilt es für ...
>
> ... ist kein Thema mehr für ..., sondern ...

3. Laut dem Text gibt es folgende Attraktivität für eine Arbeit als Ingenieur:

- gute Gehälter

- an Zukunftsprojekten mitwirken

- die Probleme von morgen lösen

(1) Sprechen Sie mit Ihrem Partner oder Ihrer Partnerin, was für Sie am attraktivsten ist?

(2) Wie sieht es in China aus? Sprechen Sie in der Gruppe.

Teil 4 / Aufgabe

Zhang Ming fängt gleich mit der Arbeit als Ingenieur an. Er macht einen Karriereplan und der Plan beinhaltet folgende Infos:

(1) Welche genaue Sorte von Ingenieurberufen will er ausüben?

(2) Welche Phasen gibt es in der Karriere?

(3) Welches Ziel will er am Ende erreichen?

Evaluation

Bewerten Sie Ihren Lernerfolg mithilfe dieser Grafik. Auf jeder Achse sollen Sie einen Punkt auswählen und dadurch ein Viereck bilden wie im Beispiel.

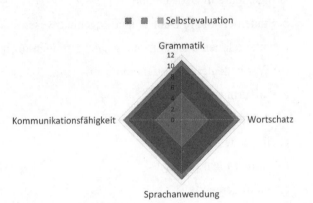

Glossar

Text Ⓐ

der	Lebensabschnitt, -e		生活片段
das	Elternhaus, Elternhäuser		父母的家
	erfolgreich	Adj.	成功的
die	Grundlage, -n		基础
	dual	Adj.	成双的
der	Auszubildende, -n		接受培训者
die	Berufsfachschule, -n		职业高校
	abwechseln		交替
	übernehmen		接受
die	Jobmesse, -n		求职博览会
die	Werkstudent, -en		共读大学生
das	Karrierezentrum		大学里的就业中心

Text **B**

der	Berufseinstieg		进入职业生涯
die	Variante, -n		变形，变体，变种
die	Abteilung, -en		部门
die	Führungsposition, -en		领导职位
die	Probezeit, -en		试用期
die	Befristung, -en		期限
	einschlagen		打碎
	favorisiert	Adj.	偏爱的
der	Arbeitgeber		雇主

Text **C**

die	Option		选择
der	Aspekt		方面
der	Hörsaal, Hörsäle		阶梯教室
	beinhalten		包含
	konsekutiv	Adj.	连续的
die	Branche, -n		行业
der	Bachelor, -en		学士
	hervorragend	Adj.	杰出的
	konzeptionell	Adj.	构想的
	strategisch	Adj.	策略的
die	Gegebenheit, -en		事实，实际情况
die	Perspektive, -n		角度
	überleben		幸存，活下来

Text **D**

die	Leukämie		白血病
das	Hybridauto, -s		混动汽车
die	Ressource, -n		资源
die	Mobilität		机动性
	lukrativ	Adj.	划算的
der	Wandel		变化
der	Elfenbeinturm, Elfenbeintürme		象牙塔

die	Schnittstellenfunktion, -en	连接作用
der	Textilingenieur, -e	纺织工程师
die	Laufbahn	经历
der	Hintergrund	背景

Lektion 6

Ingenieure werden

Lernziel

◆ Sprachkenntnisse wie Nebensatz mit *wenn*, *als* usw. beherrschen

◆ den Beruf *Ingenieur* kennenlernen

◆ Chinas Stichwörter kennenlernen

◆ Kommunikationsfähigkeit und Teamfähigkeit erhöhen

Teil 1 / Einführung

Vor dem Kurs suchen Sie einen Ingenieur oder eine Ingenieurin unter Ihren Bekannten. Stellen Sie ihm oder ihr die folgenden Fragen:

(1) Wie sind Sie Ingenieur oder Ingenieurin geworden?

(2) Sind Sie mit Ihrem Gehalt zufrieden?

(3) Haben Sie als Ingenieur oder Ingenieurin gute Berufsaussichten?

Andere Fragen schreiben Sie auf.

_____

_____

_____

Tauschen Sie im Kurs die Ergebnisse mit Ihrem Partner oder Ihrer Partnerin aus.

Teil 2 / Wortschatz und Grammatik

1. Nebensatz mit *wenn* und *als*

(1) 意为"如果……"，用于条件状语从句

Man möchte als Ingenieur Geld verdienen. Man soll bei einem großen Unternehmenarbeiten.

→ Wenn man als Ingenieur Geld verdienen möchte, soll man bei einem großen Unternehmen arbeiten.

(2) 意为"当……时 / 一……就……"，用于时间状语从句

Die Ferien fangen an. Wir fahren nach Peking.

→ Wenn die Ferien anfangen, fahren wir nach Peking.

(3) 时间连词wenn和als的区别

	过去	现在/将来
一次性	als	wenn
多次性	wenn	wenn

✎ **Übung**

Bilden Sie Sätze mit *wenn* oder *als*.

(1) Ich habe Kopfschmerzen. Ich nehme Tabletten.

_____

(2) Er war mit der Arbeit fertig. Er war todmüde.

_____

(3) Sie verkaufte ihr Auto. Sie war arbeitslos.

_____

(4) Ich war 6 Jahre alt. Ich ging in die Schule.

2. Nebensatz mit *je ... desto ...*

(1) Je mehr Berufserfahrung du in den jeweiligen Kernkompetenzen mitbringst, destobesser.

(2) Je fleißiger sie Deutsch lernt, desto besser kann sie Deutsch sprechen.

说明：

1) 由 je+形容词比较级 ... , desto (umso) +形容词比较级 ... 带起的比较状语从句中，主句情况随从句情况按比例加强或减弱,可翻译成"越……越……。"

2) je 和 desto（umso）后都紧接一个形容词或副词的比较级。

3) 从句一般在前，主句在后。

✎ **Übung**

Übersetzen Sie die folgenden Sätze ins Deutsche.

(1) 你讲得越少越好。

_____

(2) 他年纪越大，就越谦虚。

_____

(3) 经济情况越好，税收就越低。

_____

(4) "一带一路"倡议的切实成果越早显现，中国就越容易在世界上树立良好的榜样。

_____

3. Nebensatz mit *um ... zu ...* und *damit* 目的状语从句

(1) um ... zu ...

Die Firma entwickelt neue Technik, um auf den deutschen Markt einzusteigen.

→ Die Firma entwickelt neue Technik, damit sie auf den deutschen Markt einsteigen kann.

(2) damit

Thomas raucht nie im Schlafzimmer, damit seine Kinder und Frau nicht passiv rauchen.

说明：

1）如果主从句的行为主题一致，一般用um ... zu ...; 如果主从句的行为主体不一致时，必须用damit。

2）um ... zu ... 和damit结构已包含"为了"之意，因此不宜再使用sollen, möchten, wollen。

Übung

Bilden Sie Sätze mit *um ... zu ...* oder *damit*.

(1) Sie verdient mehr Geld. Ihre Kinder können ein besseres Leben führen.

_____

(2) Immer mehr Leute fahren Fahrrad. Sie wollen gesund bleiben.

_____

(3) Wir arbeiten fleißig. Wir wollen ein schönes China aufbauen.

_____

(4) Die chinesischen Ingenieure entwickeln eine neue Technik. Die Maschine kann besser funktionieren.

_____

4. Infinitiv mit *zu* als Attribut

(1) Zuerst aber sollen angehende Ingenieurinnen und Ingenieure Spaß daran haben, technische Probleme selbstständig zu lösen.

(2) Er hat große Lust zu spielen und hat keine Lust, Hausaufgaben zu machen.

Übung

Übersetzen Sie die folgenden Sätze ins Chinesische.

(1) Die Chinesen haben eine Hoffnung, den chinesischen Traum zu verwirklichen.

_____

(2) Die KP Chinas hat die Mission, sich für das Glück des chinesischen Volkes und das Wiederaufleben der chinesischen Nation einzusetzen.

_____

5. nicht ... sondern ..., kein ... sondern ...

(1) Man soll **nicht** bei einer kleinen Firma, **sondern** bei einem großen Unternehmen arbeiten.

(2) Mit dem Geld kauft das Kind **kein** Buch, **sondern** ein Spielzeug.

Übung

> **Verbinden Sie die Sätze mit _nicht ... sondern_ oder _kein ... sondern ..._**
>
> (1) Wir fahren nicht mit dem Bus. Wir fahren mit der U-Bahn.
>
> _____
>
> (2) Er hat keine Tochter. Er hat einen Sohn.
>
> _____
>
> (3) Er möchte nicht im Ausland arbeiten. Er möchte im Ausland Praktikum machen.
>
> _____

6. Komparativ und Superlativ von _gut_ und _viel_

gut-besser-am besten

viel-mehr-am meisten

(1) Anfänger verdienen in großen Firmen deutlich mehr als in kleinen Firmen.

(2) Ingenieure sollen beseelt sein von der Idee, dass alles immer noch besser zu machen ist.

Übung

> **Füllen Sie die Lücken mit _gut_, _viel_, _besser_ oder _mehr_.**
>
> (1) Jonas spricht _____ Deutsch. Aber Julia spricht viel _____ als Jonas.
>
> (2) Die wirtschaftliche Lage ist _____ im Vergleich zum Jahr 2021.
>
> (3) Der Export Deutschlands steigt _____, der Export Chinas steigt noch _____.
>
> (4) Die Einwohner in diesem Dorf leben viel _____ als vor der Armutbekämpfung.

Teil 3 / Texte

Text Ⓐ

Text A Aufgabe 1

Ingenieur verdient mehr Geld

Ingenieur ist zwar ein Abschluss, aber kein einheitliches Berufsbild. Ingenieure arbeiten überall dort, wo Technologien oder Produkte entwickelt oder verbessert werden.

Wenn man als Ingenieur Geld verdienen möchte, soll man nicht bei einer kleinen Firma, sondern bei einem großen Unternehmen arbeiten. Eine neue Statistik zeigt: Als Ingenieur verdingt man mehr Geld.

2017 steigen die Gehälter von Ingenieuren im Vergleich zum Vorjahr. Das zeigt eine neue

Studie vom Verein Deutscher Ingenieure (VDI). Als Ingenieur verdient man 2017 etwa 44.300 Euro. Im Vergleich zu 2016 ist das ein Anstieg von 4,7 Prozent.

Die Firmengröße hat Einfluss auf die Höhe des Einstiegsgehalts: Anfänger verdienen in großen Firmen deutlich mehr als in kleinen Firmen. In Firmen mit mehr als 5.000 Mitarbeitern verdienen junge Ingenieure im ersten Jahr im Durchschnitt 48.000 Euro. In kleinen Unternehmen mit bis zu 50 Mitarbeitern sind es rund 40.000 Euro.

Aufgaben

1. Richtig oder falsch, kreuzen Sie an.

Gut zu wissen!

	richtig	falsch
(1) Ingenieur soll in einem großen Unternehmen arbeiten, um mehr Geld zu verdienen.	( )	( )
(2) Ingenieur verdient mehr im Jahr 2017 als im Jahr 2016.	( )	( )
(3) Wenn ein Ingenieur länger arbeitet, kann er mehr verdienen.	( )	( )
(4) Es ist besser, dass man als Ingenieur in einem großen Unternehmen das Berufsleben beginnt.	( )	( )

2. Suchen Sie im Text und schreiben Sie das entsprechende Substantiv.

lang – die Länge

anfangen — _____

groß — _____

hoch — _____

ansteigen — _____

beeinflussen — _____

3. Bilden Sie Sätze.

> **Redewendung**
>
> im Vergleich zum ...   Einfluss auf ... haben
>
> im Durchschnitt   mehr als ...

4. Sprechübung.

Jonas und Michael sind gute Freunde, sie wohnen und studieren in Berlin. Sie machen Abschluss von einer Fachhochschule. Jonas möchte als Ingenieur in einer großen Firma in München arbeiten. Michael findet schon eine Arbeit in Berlin. Er meint, die Firma von

Jonas ist sehr weit von Berlin, deshalb soll Jonas am besten in Berlin eine Arbeit suchen. Es ist nicht wichtig, ob die Firma groß oder klein ist.

Darüber machen die beiden einen Dialog.

> Michael: Jonas, ich finde, du sollst ...
>
> Jonas: ...

Text B

Gefragte Berufe

Welche Berufe sind in Deutschland besonders gefragt? Sie finden hier verschiedene Berufsfelder, in denen man dringend qualifizierte Fachkräfte sucht. Wenn Sie in einem Berufsfeld der Bereiche ausgebildet sind, haben Sie gute Chancen, um im deutschen Arbeitsmarkt einzusteigen.

———————

Deutschland verfügt über ein Gesundheitssystem: Ausgebildete Personen in den Gesundheits- und Pflegeberufen ist der Schlüssel dazu. Daher suchen Krankenhäuser und Pflegeeinrichtungen stets nach qualifizierten Pflegekräften.

———————

Medizinischer qualifizierter Nachwuchs ist in Deutschland gefragt. Die Nachfrage an Ärztinnen und Ärzten ist hoch. Krankenhäuser, Fachkliniken, sowie private Praxen sind ständig auf der Suche nach qualifizierte Fachpersonen.

———————

Werden Sie ein Teil von der Industrie 4.0 in Deutschland: Mit dem Einsatz von digitaler Technologien gibt es im Ingenieurswesen neue Chancen. Viele Unternehmen suchen dringend nach qualifizierten Ingenieurinnen und Ingenieuren.

———————

Der deutsche IT-Bereich boomt: Jährlich gibt es tausend neue Jobs im IT-Bereich. Erfahrene oder ausgebildete IT-Fachkräfte sind daher stets gesucht. Finden Sie gute Stellen in kleinen sowie mittleren Betrieben, großen Unternehmen oder der Industrie.

———————

Biotechnologie, Energie- und Umwelttechnik – Wenn es um naturwissenschaftliche Disziplinen geht, ist die Nachfrage hoch. Qualifizierte Personen sind in vielen Bereichen dringend gefragt.

Privatpersonen, Industrie und Handel brauchen Handwerker. Das sorgt für einen hohen Bedarf an Fachkräften in Handwerksberufen.

(nach: https://www.make-it-in-germany.com/de/arbeiten-in-deutschland/gefragte-berufe)

Aufgaben

1. Wählen Sie für die sechs Abschnitte jeweils eine Überschrift aus.

Pflegekräfte	Ingenieure	Handwerker
Naturwissenschaftler	Ärzte	IT-Spezialisten

2. Was bedeuten *gefragt* und *stets* im Text?

gefragt _____

stets _____

3. Bilden Sie Sätze.

Redewendung

über ... verfügen   auf der Suche nach ... sein

nach...suchen   für ... sorgen

Satz

Es geht um ...

4. Sprechübung.

Sprechen Sie mit Ihrem Partner oder Ihrer Partnerin.

● Möchten Sie Ingenieur oder Ingenieurin werden? und warum?

● Ich möchte Ingenieur oder Ingenieurin werden, ...

weil ...	denn ...
deshalb ...	deswegen ...
darum ...	so ...

 Text

Ingenieure: hoch qualifiziert   Text C Aufgabe 1

An deutschen Hochschulen gibt es über 3.000 Studiengänge in den Ingenieurwissenschaften. Mit dem Test „TU9 Selfassessment international" kannst du besser einschätzen, ob ein Studium der Ingenieurwissenschaften zu dir passt. Die Berufsaussichten sind sehr gut, aber immer stark abhängig von deinen persönlichen Voraussetzungen.

Voraussetzungen

Folgende Voraussetzungen sollst du für ein Studium der Ingenieurwissenschaften mitbringen:

- Gute Noten in Mathematik und Physik
- Begabung für mathematisch-naturwissenschaftliche Aufgaben
- Neugier, Kreativität, Kommunikationsfähigkeit und Teamfähigkeit
- Selbstständiges Denken

„Ingenieure sollen beseelt sein von der Idee, dass alles immer noch besser zu machen ist. Neugier halte ich für wichtig. Auch eine Ungeduld und die Bereitschaft, den Status zu hinterfragen. Zuerst aber sollen angehende Ingenieurinnen und Ingenieure Spaß daran haben, technische Probleme selbstständig zu lösen", so sagt der Präsident der Initiative TU9, Professor Dr.-Ing. Ernst Michael Schmachtenberg.

Studienangebot

Deutsche Hochschulen bieten rund 3.400 Studiengänge in den Ingenieurwissenschaften an, davon rund 220 englischsprachige Masterstudiengänge.

In unserer Datenbank findest du alle Studiengänge in den Ingenieurwissenschaften.

Selfassessment

Mit dem Test „TU9 Selfassessment international" kannst du besser einschätzen, ob ein Studium der Ingenieurwissenschaften zu dir passt. Du kannst die Anforderungen der technischen Studiengänge besser kennenlernen und mehr über die eigenen Stärken und Schwächen für das Studium erfahren. Er besteht aus verschiedenen Aufgaben zu mathematischen und logischen Fähigkeiten, aber auch Fragebogen zur Studienmotivation und Leistungsbereitschaft. Es gibt auch einen kurzen Deutschtest. Alle Teste sind kostenlos.

Berufsaussichten

Die Berufsaussichten für erfolgreiche Absolventen der Ingenieurwissenschaften sind sehr gut. Die Jobchancen nach dem Studium sind natürlich immer stark abhängig von deinen persönlichen Voraussetzungen.

Die Nachfrage nach Ingenieuren steigt. In der Zukunft gehen viele Leute in Rente. „Wenn Deutschlands Wirtschaft ihre Position auf dem Weltmarkt halten will, brauchen wir viele neue Ingenieurinnen und Ingenieure. Das alles spricht für sichere Jobs bei sehr guter Bezahlung", sagt Ekkehard Schulz, ein Berufsberater.

(nach: https://www.study-in-germany.de/de/studium planen/faechergruppen/ingenieur wissenschaften_35121.php)

Aufgaben

1. Wählen Sie die richtige Lösung aus.

(1) Mit dem Test „TU9 Selfassessment international" kannst du ...

a. total beurteilen, ob ein Studium der Ingenieurwissenschaften zu dir passt.

b. dich über die Ingenieurwissenschaften informieren.

c. bestimmen, ob du ein Studium der Ingenieurwissenschaften wählen.

(2) ... ist für Ingenieure vor allem wichtig?

a. Neugier für Ingenieurwissenschaften

b. Begabung für Ingenieurwissenschaften

c. Lust zu Technikproblemen

(3) Mit dem Test „TU9 Selfassessment international" kannst du ...

a. deine Kommunikationsfähigkeit prüfen.

b. mathematische Aufgaben machen.

c. Fragebogen zur Technik machen.

(4) In der Zukunft ...

a. werden viele Ingenieure älter.

b. verlieren Ingenieure leichter den Arbeitsplatz.

c. steigen die Gehälter für Ingenieure.

2. Bilden Sie Sätze.

Redewendung		
abhängig von ... sein	halten ... für ...	bestehen aus ...
die Nachfrage nach ...	sprechen für ...	in Rente gehen
	Position halten	
	Satz	
	Es gibt ...	

3. Laut dem Text gibt es folgende Voraussetzungen für ein Studium der Ingenieur-wissenschaften in Deutschland:

- Gute Noten in Mathematik und Physik
- Begabung für mathematisch-naturwissenschaftliche Aufgaben
- Neugier, Kreativität, Kommunikationsfähigkeit und Teamfähigkeit
- Selbstständiges Denken

(1) Sprechen Sie mit Ihrem Partner oder Ihrer Partnerin, wie Sie zu den Voraussetzungen finden.

(2) Gibt es in China auch Voraussetzungen für ein Studium der Ingenieurwissenschaften? Sprechen Sie in der Gruppe.

Text D

Ein Stellenangebot

Elektroingenieur/In Jobs

Elektroingenieure handhaben alle technischen Geräte, die mit elektrischer Energie betrieben werden. Sie sind für die Konstruktion, Entwicklung, Produktion und Montage von elektrischen Systemen, Software, Maschinen, Geräten und Prozessen verantwortlich. Gebiete, in denen sich Studierende im Bereich Elektroingenieurwesen spezialisieren können, sind Informations- und Telekommunikationstechnologie, Energietechnik, Automatisierungstechnik und Unterhaltungselektronik. Die Aufgaben eines/einer Elektroingenieurs/-in sind abhängig vom fachspezifischen Tätigkeitsbereich.

Elektroingenieure beschäftigen sich hauptsächlich mit den Bereichen Entwicklung, Innovation, Produktion, Vertrieb und der Inbetriebnahme von Systemen sowie der Herstellung von Produkten. In der geht es vorwiegend um die Übertragung von Informationen und der Interaktion von Mensch und Maschine. Im Bereich der Telekommunikation werden Elektroingenieure nicht nur zur Entwicklung von Endgeräten, sondern auch zur Datenübertragung eingesetzt. Hier verschwimmt die Grenze zu Informationstechnologie. Ein weiteres Fachgebiet ist die elektrische Energietechnik, die im Zusammenhang mit dem Klimawandel immer wichtiger wird. Neben Umweltaspekten spielen auch Faktoren wie Wirtschaftlichkeit, Verfügbarkeit und Zuverlässigkeit eine wichtige Rolle. Elektroingenieure, die sich auf Automatisierungstechnik spezialisiert haben, versuchen viele einzelne Komponenten in ein System zu integrieren.

Welche Aufgaben übernimmst du als Elektroingenieur/In?

Elektroingenieure entwerfen, testen und berechnen Komponenten für Maschinen und Systeme. Darüber hinaus planen und überwachen sie die Produktion. Außerdem stellen sie die Betriebsbereitschaft der Produktionssysteme sicher und gewährleisten hierdurch einen reibungslosen Produktionsablauf. Sie sorgen unter anderem für eine effiziente Stromerzeugung bei der Stromgewinnung von Kraftwerken und beim Betrieb des Netzes. In der Automatisierungstechnik und Mikroelektronik entwerfen Elektrotechniker integrierte

Schaltkreise und sind für deren Herstellungsprozesse verantwortlich oder berechnen die Auswertung und Verarbeitung von Messdaten. Marketing und Vertrieb, technischer Kundenservice und Qualitätssicherung gehören ebenfalls zu ihren Tätigkeitsbereichen.

Als Elektroingenieur/In arbeitest du in Konstruktions- und Produktionsabteilungen in Betrieben der Elektroindustrie, wie zum Beispiel:

in Unternehmen des Maschinen- und Fahrzeugbaus

bei Herstellern von elektromedizinischen Geräten

bei Energieversorgungsunternehmen

bei Softwareanbietern

in Ingenieurbüros mit technischer Fachplanung

Abhängig von deiner fachspezifischen Arbeit und Unternehmenserfahrung hast du die Verantwortung für unterschiedliche Tätigkeiten. Deine Aktivitäten variieren also je nach Beruf im Fachgebiet und Anwendungsbereich. Du entwickelst beispielsweise elektronische Schaltungen, erstellst Stromlaufpläne, berätst im Bereich der Technologie und entwickelst Automatisierungstechnik unter anderem in den Bereichen VR und AR zur Inbetriebnahme von Maschinen.

Wie werde ich Elektroingenieur/In?

Elektrotechnik wird in der Regel an der Fachhochschule, Berufsakademie oder Universität studiert. Auch duale Studiengänge kommen infrage, zwar gibt es diese seltener, dennoch sind Absolventen dualer Studiengänge gern gesehene Bewerber. Die Fach- und Aufgabenbereiche sind sehr breit gefächert, weshalb während der Kurse eine Spezialisierung auf einen bestimmten Bereich erforderlich ist.

In der Regel bietet das Praktikumsprogramm, also das Traineeprogramm des Unternehmens, die Möglichkeit, dass Studierende sich in ihrem Schwerpunktsgebiet spezialisieren können. Gebiete, in denen Studierenden ihr Fachwissen vertiefen können, sind Informations- und Telekommunikationstechnologie, Energietechnik, Automatisierungstechnik und Unterhaltungselektronik.

In den ersten 6 Semestern werden die technisch-naturwissenschaftlichen Grundlagen behandelt. Hinzu kommen Kurse wie Energietechnik, Automatisierungstechnik, Mess- und Regelungstechnik, Physik und Werkstoffkunde. In den Masterstudiengängen liegt der Fokus auf der Spezialisierung in den fachbereichsspezifischen Kenntnissen.

Welche Voraussetzungen brauchst du als Elektroingenieur/In?

Ohne Informationstechnologie gibt es keine Elektrotechnik. IT-Simulationssoftware- und Programmierprojekte erfordern jede Menge IT-Kenntnisse, dabei ist im Ingenieurwesen praktische Erfahrung die Grundlage der Arbeit. Gleiches gilt für die Elektrotechnik. Je mehr Berufserfahrung du in den jeweiligen Kernkompetenzen mitbringst, desto besser.

Die Softskills von Elektroingenieuren

Die Aufgaben eines/einer Elektroingenieurs/-ingeneurin erfordern sowohl Kreativität und Detailgenauigkeit als auch technisches Verständnis und Verantwortungsbewusstsein. Um Probleme auf dem Gebiet der Elektrotechnik zu lösen, ist ein komplexes technisches Verständnis erforderlich. Darüber hinaus sollte eine Tendenz zur Planung und Organisation sowie ein Interesse an geschäftlichen Fragen bestehen, da häufig vielfältige Verantwortlichkeiten in einem bestimmten Fachbereich übernommen werden müssen.

Was verdient ein/e Elektroingenieur/In?

Das Einstiegsgehalt eines Elektrotechnikers beträgt rund 3 300 Euro pro Monat. In einigen Spezialgebieten sind die Löhne höher. Die Arbeitszeit basiert normalerweise auf der 9 bis 5-Regel, während bei Entwicklungs- und Forschungsprojekten mehr Arbeit zu erwarten ist. Mit zunehmender Berufserfahrung und innerhalb einer Führungsposition wachsen die Gehaltsaussichten auf bis zu etwa 92 700 Euro im Monat. Sicherungs- und Schichtdienste sind in bestimmten Bereichen möglich, beispielsweise wenn Schwierigkeiten bei der Energieerzeugung auftreten.

Elektroingenieure auf dem Stellenmarkt

Aufgrund des Fachkräftemangels sind die Beschäftigungsaussichten positiv. Elektroingenieur/In ist ein Beruf mit einer immer höheren globalen Positionierung, was sich in immer mehr internationalen Projekten zeigt. Schließlich sind Mobilität und Technologie eine wichtige Voraussetzung für die Zukunft einer jeden ingenieurwissenschaftlichen Unternehmung. Diese Tatsache spiegelt sich in den Löhnen wider. Die Aussichten auf dem Arbeitsmarkt sind demnach hervorragend, insbesondere für Bewerber, die sich während und nach dem Studium innerhalb ihres Fachbereiches stetig weiterbilden.

Elektroingenieur/In: Die Karrierechancen

Elektroingenieure und Elektroingenieurinnen haben sehr gute Karrierechancen. Nicht nur ein attraktives Gehalt, sondern auch eine Führungsposition im mittleren Management, warten auf erfolgreiche Absolventen des Studiengangs. Mit zunehmender Berufserfahrung bieten sich weitere Karrierewege wie Führungspositionen, Entwicklungsarbeiten und die Mitarbeit an Forschungsprojekten.

Als Experte in ihrem Fachgebiet stehen ihnen verschiedene Auswahlmöglichkeiten zur Verfügung. Sie können eine Führungsposition als Produktionsingenieur oder Projektingenieur in den Bereichen der Automobilindustrie, Telekommunikation und Innovation innehaben. Im Bereich der Elektrotechnik gibt es außerdem eine Vielzahl an zur Verfügung stehenden Promotionsstellen.

Wie viel verdient man als Elektroingenieur/In in Deutschland?

Das durchschnittliche Gehalt für den Beruf Elektroingenieur/In in Deutschland liegt bei 66 447 Euro brutto pro Jahr.

Wie viele Stellenangebote gibt es aktuell als Elektroingenieur/In?

Aktuell gibt es 292 Stellenangebote als Elektroingenieur/In.

(nach: https://www.stellenanzeigen.de/job/mechatroniker-elektriker-elektroingenieur-m-w-d-dinkelsbuehl-nuernberg-7312648/)

Aufgaben

1. Lesen Sie das Stellenangebot vor dem Text D. Möchten Sie sich um die Stelle bewerben, und warum? Sprechen Sie mit Ihrem Partner oder Ihrer Partnerin.

2. Übersetzen Sie die folgenden Sätze ins Chinesische.

(1) Elektroingenieure beschäftigen sich hauptsächlich mit den Bereichen Entwicklung, Innovation, Produktion, Vertrieb und der Inbetriebnahme von Systemen sowie der Herstellung von Produkten.

_____

_____

(2) Gebiete, in denen Studierende ihr Fachwissen vertiefen können, sind Informations- und Telekommunikationstechnologie, Energietechnik, Automatisierungstechnik und Unterhaltungselektronik.

_____

_____

(3) Hinzu kommen Kurse wie Energietechnik, Automatisierungstechnik, Mess- und Regelungstechnik, Physik und Werkstoffkunde.

_____

_____

(4) In den Masterstudiengängen liegt der Fokus auf der Spezialisierung in den fachbereichsspezifischen Kenntnissen.

_____

_____

(5) Je mehr Berufserfahrung du in den jeweiligen Kernkompetenzen mitbringst, desto besser.

_____

_____

(6) Als Experte in ihrem Fachgebiet stehen ihnen verschiedene Auswahlmöglichkeiten zur Verfügung. Im Bereich der Elektrotechnik gibt es außerdem eine Vielzahl an zur Verfügung stehenden Promotionsstellen.

_____

_____

3. Lesen Sie den Text.

(1) Schreiben Sie die Stichwörter für die Fragen.

(2) Beantworten Sie die Fragen mit Hilfe der Stichwörter. Das machen Sie zu zweit.

● Was machen Elektroingenieure?	●Womit beschäftigen sich Elektroingenieure hauptsächlich?
● Welche Aufgaben übernimmt man als Elektroingenieur/In?	●Wie kann man Elektroingenieur/In werden?

● Welche Voraussetzungen brauchst du als Elektroingenieur/In?	●Welche Softskills sollten Elektroingenieuren meistern?
●Was verdient ein/e Elektroingenieur/In?	●Wie ist die Berufsaussicht von Elektroingenieuren?

4. Wählen Sie einen Beruf aus und machen Sie dazu ein Stellenangebot in der Gruppe.

Beruf			
Krankenpflegerin	Krankenschwester	Elektroingenieur	Lehrer an der Universität

Stellenangebot
- Was Sie erwarten?
- Was uns überzeugt?
- Was wir bieten?
- Hat unser Angebot Ihr Interesse geweckt?

Stellenangebot für_____

Teil 4 / Aufgabe

Zhang Ming ist Elektroingenieur bei einer Firma in Berlin. Durch die Zusammenarbeit mit einer anderen Firma in München hat er einen deutschen Ingenieur kennengelernt. Zhang Ming möchte sich über den Beruf als Ingenieur in Deutschland informieren. Er schreibt dem deutschen Ingenieur eine E-Mail und die E-Mail beinhaltet folgende Fragen:

(1) Wie sind Sie Ingenieur geworden?

(2) Sind Sie mit Ihrem Gehalt zufrieden?

(3) Haben Sie als Ingenieur gute Berufsaussichten?

Evaluation

Bewerten Sie Ihren Lernerfolg mithilfe dieser Grafik. Auf jeder Achse sollen Sie einen Punkt auswählen und dadurch ein Viereck bilden wie im Beispiel.

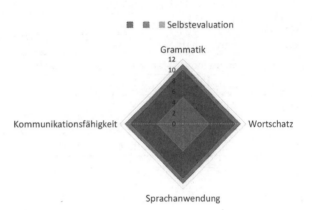

Glossar

Text **A**

die	Statistik, -en		统计
der	Gehalt, Gehälter		薪酬，工资
die	Studie,-n		研究，调查

Text **B**

das	Berufsfeld,-er		职业领域
	dringend	Adj.	紧急的
	qualifiziert	Adj.	有资格的
die	Fachkraft, Fachkräfte		专业劳动力
das	Gesundheitssystem,-e		医疗制度

	boomen		繁荣
die	Disziplin, -en		规律，法则
der	Handel		贸易

Text C

der	Studiengang, Studiengänge		专业
die	Berufsaussicht,-en		前景
die	Begabung,-en		天赋，才能，才华
die	Neugier		好奇，好奇心
die	Kreativität		创造，创造性
die	Kommunikationsfähigkeit, -en		交际能力
Die	Teamfähigkeit,-en		团队合作能力
die	Bereitschaft		甘愿，情愿
	angehend	Adj.	未来的，成长中的
	ein/schätzen		估计，评价
die	Anforderung, -en		要求
die	Studienmotivation		学习动机
die	Leistungsbereitschaft, -en		进取心

Text D

die	Konstruktion, -en		结构，作图，构思
die	Montage,-n		蒙太奇，剪辑，安装
	sich spezialisieren		专门研究，专门从事
	verschwimmen		变模糊，逐渐消失
die	Betriebsbereitschaft		操作准备，运行准备
	gewährleisten		保证，担保
	reibungslos	Adj.	顺利的
die	Mikroelektronik		微电子学
der	Schaltkreise,-e		开关电路，线路
	variieren		使改变，变动
die	Schaltung,-en		变速器，电路
die	Stromlaufplan		电路图
die	Simulation		模拟，仿真
	erforderlich	Adj.	必需的，不可或缺的

Lektion 7

Berufsaussichten für Ingenieure

Lernziel

◆ Sprachkenntnisse wie Nebensatz mit *ob* und Partizip I als Prädikativ und Adverbial beherrschen

◆ Konjunktiv I kennenlernen

◆ Kommunikationsfähigkeit und Teamfähigkeit erhöhen

◆ Berufskompetenz ausbauen

Teil 1 / Einführung

1. Was ist MINT-Beruf?

_____

_____

_____

2. Welche Berufe gehören zu MINT-Berufen? Schreiben Sie.

MINT-Berufe

3. Möchten Sie Ingenieur oder Ingenieurin auf den Gebieten von MINT werden? Und warum? Sprechen Sie mit Ihrem Partner oder Ihrer Partnerin.

_____

_____

_____

Teil 2 / Wortschatz und Grammatik

1. Nebensatz mit *ob* 是否……

(1) Du kannst besser einschätzen, ob ein Studium der Ingenieurwissenschaften zu dir passt.

(2) Sie fragt: „Kommen Sie zu uns?"

→ Sie fragt, ob ich komme.

✎Übung

Verbinden Sie Sätze mit *ob*.

(1) Ist er in die Mensa gegangen? Wir wissen es nicht.

_____

(2) Sind seine Freunde mit der Reise nach Hongkong einverstanden? Ich weiß es nicht.

(3) Gibt es noch Eintrittskarten für das Konzert? Es ist nicht sicher.

_____

(4) Bleiben wir noch ein paar Stunden hier? Es ist fraglich.

_____

2. Partizip I 第一分词

(1) 形式

第一分词由动词不定式加 d 构成，如 laufen +d = laufend，lachen +d = lachend，sich unterhalten +d = sich unterhaltend。

(2) 用法

第一分词具有主动意义，表示一个还未完成的、持续的过程，且该过程与句子中的谓语发生在同一时间。

1) 作表语

Das Fußballspiel ist anstrengend.

Der Film ist spannend.

2) 作状语

Der ältere Mann geht singend in den Park. = Der ältere Mann singt und geht in den Park.

✐ Übung

Formen Sie die Sätze um.

(1) Der Unterricht ist sehr motivierend.

_____

(2) Sie verabschiedet sich winkend.

_____

(3) Die schöne Frau singt lächelnd auf der Party.

_____

(4) Gestern Abend kam ihr Sohn weinend nach Hause.

_____

(5) Das lange Gespräch hat ihn sehr angestrengt.

_____

(6) Sie lösen die zu erledigende wissenschaftliche Arbeit.

_____

3. Konjunktiv I 第一虚拟式

(1) 用法

第一虚拟式主要用于间接引语，表示客观地转述他人的话语。

Thomas sagt: „Julia kommt um 10:00 Uhr. " (direkte Rede)

→ Thomas sagt, Julia komme um 10:00. (indirekte Rede)

(2) 第一虚拟式的动词变位

动词词干＋虚拟式词尾（-e, -est, -e, -en, -et, -en）

	kaufen	haben	nehmen	werden	Sein
ich	kaufe	habe	nehme	werde	Sei
du	kaufest	habest	nehmest	werdest	seiest
er/sie/es	kaufe	habe	nehme	werde	Sei
wir	kaufen	haben	nehmen	werden	Seien
ihr	kaufet	habet	nehmet	werdet	Seiet
sie/Sie	kaufen	haben	nehmen	werden	Seien

1) 第一虚拟式的现在时

Er sei 18 Jahre alt.

Sie stehe morgens spät auf.

2) 第一虚拟式的过去时

haben / sein 的第一虚拟式现在时 + Partizip II

Man sagt, dass sie Abitur gemacht habe.

3) 第一虚拟式的第一将来时

werden 的第一虚拟式现在时 + 动词不定式

Sie werde nächstes Jahr nach Deutschland reisen.

4) 第一虚拟式的第二将来时

werden 的第一虚拟式现在时 + Partizip II + haben / sein

Ich werde die Arbeit vor dem Wochenende erledigt haben.

✏ **Übung**

(1) Füllen Sie die Lücken mit Konjunktiv I .

1) Die Chinesen bildeten sich ein, dass ihre große Zeit gekommen _____, und räumten alle aus dem Weg, die sie an ihrem Aufstieg hindern _____.

2) Die alten Chinesen glaubten, dass es die Schuld des Vaters _____, wenn er seine Kinder nur zu ernähren weiß, ohne sie jedoch zu erziehen.

3) Im Jahr 1862 warf Henry Dunant in seinem Buch *Eine Erinnerung an Solferino* die Frage auf, ob es möglich _____, humanitäre Organisationen einzurichten und humanitäre Konventionen abzuschließen.

(2) Ergänzen Sie den Text mit den Verben aus der Tabelle in richtiger Form.

spielen, sein, wissen, gehen, zeigen, finden, kommen, bestehen, beginnen, ermöglichen

Die Zeitung berichtet,

für uns _____ es darum, Ingenieurstudierenden den Blick über den Tellerrand zu _____. Wir _____ aus unserem Austausch mit Unternehmen, dass Interdisziplinarität und interkulturelle Kompetenzen in der Karriereentwicklung von Ingenieur*innen eine große Rolle _____. Leider _____ dem interkulturellen Austausch bei Ingenieurstudierenden im Studium eine geringe Bedeutung zu, was man sehr bedauerlich _____, in dieser Lebensphase _____ eine hohe Flexibilität, die sich nach Einstieg in den Beruf in diesem Umfang nicht mehr _____. Daher _____ ein solches Projekt im Rahmen der Ausbildung eine ausgezeichnete Chance, um einen systematischen Einstieg ins Thema zu _____.

Teil 3 / Texte

Text

Nachwuchsmangel in Ostdeutschland am größten

Text A Aufgabe 1

Der Bevölkerungsanteil der 18- bis 24-Jährigen beträgt in Deutschland derzeit 7,3 Prozent. Im Alter zwischen 18 und 24 beginnt für viele junge Menschen mit dem Auszug aus dem Elternhaus das eigenständige Leben. Viele von ihnen wechseln an einen anderen Ort, um eine Ausbildung, ein Studium oder eine Berufstätigkeit aufzunehmen. Die daraus resultierenden räumlichen Unterschiede der Altersstruktur veranschaulicht eine Deutschlandkarte, die das Leibniz-Institut für Länderkunde (IfL) in seinem digitalen „Nationalatlas aktuell" veröffentlicht hat. Um diese Unterschiede besser abbilden zu können, hat der IfL-Bevölkerungsgeograf Tim Leibert die Anteile der 18- bis 24-Jährigen in den 400 Landkreisen und kreisfreien Städten mit dem Bundesdurchschnitt in Beziehung gesetzt.

Die auf dem sogenannten Lokationsquotienten basierende IfL-Karte zeigt ein deutliches Gefälle zwischen Stadt und Land sowie zwischen Ost- und Westdeutschland. Überdurchschnittliche Anteile junger Erwachsener verzeichnen die meisten kreisfreien Städte und kreisangehörige Universitätsstädte wie Gießen, Konstanz, Marburg oder Tübingen. In den 15 größten Städte liegt der Lokationsquotient dagegen nur leicht über dem Mittelwert, teilweise sogar etwas darunter. Grund könnten die für viele Studierende und Berufseinsteiger zu hohen Wohnungs- und Lebenshaltungskosten in den Metropolen sein.

Die Karte verdeutlicht die schwierige demografische Lage in den meisten ländlichen Räumen und insbesondere in den strukturschwachen Regionen Ostdeutschlands. „Überspitzt gesagt könnte man diagnostizieren, dass diese Kreise nicht nur überaltert, sondern auch unterjüngt sind", erklärt Tim Leibert. Der Demografie-Experte sieht darin ein Warnzeichen für die weitere wirtschaftliche Entwicklung. Einer großen Zahl von Beschäftigten, die in den nächsten 15 Jahren in Rente gehen, stünde eine geringe und rückläufige Zahl von Nachwuchskräften gegenüber. Kurz- bis mittelfristig sei deshalb damit zu rechnen, dass freiwerdende Stellen nur schwer besetzt werden können. Hierdurch könne die wirtschaftliche Existenz einzelner Unternehmen bedroht sein, so Leibert.

(nach: https://bildungsklick.de/bildung-und-gesellschaft/detail/demografie-und-arbeitsmarkt-nachwuchsmangel-in-ostdeutschland-am-groessten)

Aufgaben

1. Lesen Sie den Text und beantworten Sie die folgenden Fragen.

(1) Welche Schwierigkeit kommt vermutlich in Ostdeutschland vor?

_____

_____

Und was meinen Sie, wie man die Schwierigkeit überwinden kann?

_____

_____

(2) Welche Schwierigkeit gibt es für Unternehmen in der Gegenwart und in den folgenden Jahren?

_____

_____

Und was meinen Sie, wie man die Schwierigkeit bewältigen kann?

_____

_____

2. Wählen Sie die richtige Lösung aus.

(1) Viele junge Menschen verlassen ihr Elternhaus, um ...

a. sich auszubilden.

b. ein unabhängiges Leben zu haben.

c. zu studieren.

d. zu arbeiten.

(2) Die IfL-Karte ist veröffentlicht worden, damit ...

a. man manche Unterschiede kennt.

b. man Forschung macht.

c. sich junge Menschen für Arbeit leichter entscheiden.

d. Interesse von mehr Menschen geweckt wird.

(3) Die IfL-Karte zeigt die Unterschiede zwischen ... nicht.

a. verschiedenen Städten

b. verschiedenen Gebieten

c. verschiedenen Bundesländern

d. jungen Menschen

(4) Man vermutet, dass ...

a. immer mehr junge Menschen Arbeit suchen.

b. immer mehr ältere Menschen nicht arbeiten.

c. man leichter eine Arbeitsstelle finden kann.

d. man schwerer eine Arbeitsstelle finden kann.

3. Warum stehen hier _sei_, _können_ und _könne_? Erklären Sie.

Kurz- bis mittelfristig **sei** deshalb damit zu rechnen, dass freiwerdende Stellen nur schwer besetzt werden **können**. Hierdurch **könne** die wirtschaftliche Existenz einzelner Unternehmen bedroht sein, so Leibert.

4. Sprechübung.

Zhang Ming liest eine neue IfL-Karte. Sein deutscher Freund Thomas fragt ihn, was eine IfL-Karte ist.

Text Ⓑ

Fachkräftesicherung bleibt wichtiges Zukunftsthema

Zukünftig werden gerade Ingenieurberufe in der digitalen Transformation nachgefragt, die einen hohen Beitrag zur deren positiver Gestaltung liefern können. Ingenieur*innen spielen eine zentrale Rolle in der Technikgestaltung und –entwicklung und zählen damit bei der digitalen Transformation zu den wichtigsten Berufsgruppen.

Das Diskussionspapier zeigt die enormen Chancen zur Entwicklung neuer (digitaler) Geschäftsmodelle, die die Bewältigung von gesellschaftlich als relevant erkannte Herausforderungen birgt: wie zum Beispiel Klimawandel, Urbanisierung oder Automatisiertes Fahren. Auch hier spielen Ingenieur*innen eine zentrale Rolle.

Heterogene Entspannung auf dem Ingenieurarbeitsmarkt

Engpässe auf dem Ingenieurarbeitsmarkt entspannen sich zwar durch die aktuelle wirtschaftliche Lage. Aber einzelne Ingenieurberufe, wie Bauingenieur*innen, Architekt*innen und IT-Expert*'innen, sind auch in der aktuellen Krisensituation weiter stark gefragt. Je nach Schnelle und Qualität der wirtschaftlichen Erholung wird sich der Abwärtstrend in allen Ingenieurberufskategorien alsbald umkehren können.

Ingenieurarbeitgeber reagieren auf die konjunkturelle Abkühlung mit einer Personalpolitik, die bereits in der Wirtschafts- und Finanzkrise erfolgreich war: Neueinstellungen werden vorübergehend zurückgestellt und gleichzeitig wird auf Kündigungen weitgehend verzichtet. Von Arbeitslosigkeit bedroht sind aktuell insbesondere jüngere Ingenieur*innen mit auslaufenden Projektverträgen sowie Berufseinsteiger*innen.

Konjunkturelle Erholung bereits möglich

Die konjunkturelle Abkühlung wird nach Einschätzung der meisten Wirtschaftsforschungsinstitute nicht von langer Dauer sein. Inzwischen deutet vieles darauf hin, dass das Wirtschaftswachstum in Deutschland für die Jahre 2020 und 2021 einen sogenannten V-Kurvenverlauf haben wird. Vorausgesetzt, ein zweiter harter Shutdown der Wirtschaft wird vermieden.

Aus Sicht der Fachleute müssen daher weiterhin alle Aspekte der Fachkräftesicherung angegangen werden:

- Junge Menschen für ein technisches Studium begeistern.
- Die Attraktivität des Wissenschafts- und Studienstandortes Deutschland weiter erhöhen.
- Die Erwerbsbeteiligung von Frauen in MINT-Berufen fördern.
- Qualifizierte Fachkräftezuwanderung auch in Ingenieurberufen ausbauen.

Was wichtig ist, um Deutschland als erfolgreichen Wirtschaftsstandort zu erhalten, zeigt das Diskussionspapier zur „Fachkräftesicherung in Zeiten konjunktureller Abkühlung".

(nach: https://www.vdi.de/news/detail/fachkraeftesicherung-bleibt-wichtiges-zukunftsthema)

Aufgaben

1. Was haben folgende Themen mit Ingenieur/In zu tun? Diskutieren Sie zu zweit.

Klimawandel	Urbanisierung	Automatisiertes Fahren	digitale Transformation

2. Ordnen Sie zu.

Beitrag	Ausbauen
Menschen	fördern
Fachkräftezuwanderung	Vermeiden
Attraktivität	Liefern
Erwerbsbeteiligung	Zurückstellen
Neueinstellungen	Erhöhen
Shutdown	Begeistern

3. Füllen Sie die Lücken mit Genitiv.

(1) junge Menschen für ein technisches Studium begeistern Begeisterung _____

_____ für ein technisches Studium

(2) die Attraktivität des Wissenschafts- und Studienstandortes Deutschland weiter erhöhen

weitere Erhöhung _____

(3) die Erwerbsbeteiligung von Frauen in MINT-Berufen fördern Förderung _____

_____ in MINT-Berufen

(4) qualifizierte Fachkräftezuwanderung auch in Ingenieurberufen ausbauen Ausbau ____

_____ in Ingenieurberufen

4. Bilden Sie Sätze.

Redewendung
eine wichtige/zentrale Rolle spielen   zählen zu+Dat.   verzichten auf+Akk.
von langer Dauer sein   hin/deuten auf+Akk.   aus Sicht+Gen.

5. Sprechübung.

Bei der Firma fragt der Personalchef Zhang Ming, warum er Ingenieur werden möchte, und welche Vorschläge hat er für die Fachkräftesicherung von Ingenieur.

Text **C**

Karrieresprung: Wie führe ich richtig?

Wie gehe ich meine erste Führungsposition an und wie entwickle ich mich als Chefin weiter? Darüber spricht Nils Schmidt. Er ist Vorstand beim Verband für Fach- und Führungskräfte (DFK).

Führung hat sich laut Schmidt in den letzten Jahren stark verändert: Hierarchien sind flacher geworden, und enge Führung ist nicht mehr zwingend notwendig. „Mehr selbst machen lassen", heißt heute oftmals die Devise. Auch optisch hat sich einiges geändert: Hat der Chef im Büro früher meistens eine Krawatte getragen, um seine Autorität zu unterstreichen, bleibt der Schlips heute immer häufiger im Schrank hängen. Die Frage, ob man Führung lernen kann, wird gestellt. „Ja", bekräftigt Schmidt. Für Mitarbeiter*innen, die zum ersten Mal in einer leitenden Position sind, hat Schmidt einen wichtigen Hinweis: „Man muss viel Zeit investieren, um alle im Team unter einen Hut zu bekommen."

Dazu gehöre auch, alle Charaktere kennenzulernen und sich selbst zu fragen: Wie kann ich meine Leute fördern und fordern, um alle bestmöglich einsetzen zu können? Hierzu zählt auch, Verantwortung abzugeben. „Man sollte sich selbst auch nicht so wichtig nehmen, flexibel sein und sich selbst weiterentwickeln", da ist sich Schmidt sicher. Elementar sei auch, zu seinen Entscheidungen zu stehen.

Darüber hinaus stellt auch das digitale Arbeiten Teamleiter*innen vor neue Herausforderungen. Gerade die Corona-Krise hat traditionelle Arbeitsweisen radikal verändert. Digitale- statt Präsenzsitzungen abzuhalten, auch das muss selbstverständlich erst einmal richtig gelernt werden.

Eine große Ungleichheit sieht Nils Schmidt noch immer bei Frauen in Führungs-positionen: „Frauen haben es schwerer und müssen mehr für ihren Aufstieg tun als Männer", sagt er. Das liege insbesondere daran, weil Frauen meist zurückhaltender sind und ihre Kompetenzen nicht so gern an die große Glocke hängen.

(nach: https://www.vdi.de/news/detail/karrieresprung-wie-fuehre-ich-richtig)

Aufgaben

1. Bilden Sie Sätze mit *damit*.

(1) Der Chef hat im Büro früher meistens eine Krawatte getragen, um seine Autorität zu unterstreichen.

_____

(2) Man muss viel Zeit investieren, um alle im Team unter einen Hut zu bekommen.

_____

(3) Wie kann ich meine Leute fördern und fordern, um alle bestmöglich einsetzen zu können?

_____

2. Übersetzen Sie die folgenden Sätze ins Chinesische.

(1) Wie kann ich meine Leute fördern und fordern, um alle bestmöglich einsetzen zu können?

_____

(2) Elementar sei auch, zu seinen Entscheidungen zu stehen.

_____

(3) Darüber hinaus stellt auch das digitale Arbeiten Teamleiter*innen vor neue Herausforderungen.

_____

(4) Frauen haben es schwerer.

_____

(5) Das liege insbesondere daran, weil Frauen meist zurückhaltender sind und ihre Kompetenzen nicht so gern an die große Glocke hängen.

_____

3. Bilden Sie Sätze.

(1) etw. an die große Glocke hängen

_____

(2) etw. unter einen Hut bekommen

_____

Text **D**

Bereit sein, Verantwortung zu übernehmen

Text D Aufgabe 1

Technologien entwickeln sich rasant, und die Gesellschaft verlangt neue Ansätze mit ökologisch nachhaltigen Lösungen. Daraus wiederum entstehen neue Geschäftsmodelle. Das Gesamtpaket – also nicht allein die technischen Herausforderungen – müssen Ingenieur*innen jetzt und in Zukunft stemmen können. Darauf hat sich die akademische Ausbildung einzurichten.

VDI-Direktor Ralph Appel bringt es auf den Punkt: „Wir dürfen uns nicht auf der Vergangenheit ausruhen. Inhalte und Tätigkeitsprofile verändern sich über alle Branchen hinweg."Die breite Basis klassischer Ingenieurfächer müsse mit Marketing- und Finanzkompetenzen sowie mit gesellschaftlicher Akzeptanz korrespondieren. Sich etwa auf die Entwicklung von Autos zu beschränken, so Appel, führe in die Sackgasse. Digitale Geschäftsmodelle basierten auf integrierter Mobilität, in der „ die Freude am Fahren durch den Spaß am Transport" ersetzt werde.

International genießt der deutsche Ingenieurabschluss auch nach dem Umstieg vom Diplom auf Bachelor und Master einen exzellenten Ruf. Um das rein Fachliche macht sich Klaus Kreulich daher keine Sorgen. Der Vizepräsident der Hochschule München fordert von angehenden Ingenieuren die ausgeprägte Bereitschaft, Verantwortung für Innovationen zu übernehmen - die im Übrigen nicht allein aus ihrer Schaffenskraft entstünden. „Digitalisierung bedeutet, das Neue in Kooperation mit anderen Disziplinen zu kreieren, etwa mit Psychologen, Juristen und Designern. Eine intelligente Maschine wird aus der Gesellschaft heraus gedacht, nicht nur aus der Technik."

Bestnoten noch kein Garant für Praxistauglichkeit

Den Ball nimmt Saša Peter Jacob, Referent Ingenieurausbildung beim VDI, gerne auf. Eine Ingenieurwissenschaft mit besten Noten zu absolvieren, sei noch lange kein Beleg für dauerhafte Praxistauglichkeit. Denn die Anforderungen am Arbeitsplatz gingen weit über die fachlichen Qualifikationen hinaus. „Beispielsweise sind erfolgreiche Projektabschlüsse mit technischen Best-practice-Lösungen im Rahmen klassischer Hierarchie- bzw. Organisationsstrukturen immer schwieriger zu erreichen. Das liegt an der zunehmenden Komplexität und Veränderbarkeit von Anforderungen innerhalb von Projekten. Mit dem Kunden einmal sprechen, verstehen und dann abzutauchen, um dann ein fertiges und akzeptiertes Produkt zu präsentieren, ist kaum noch möglich. "Vielmehr seien ständiger

Austausch, Änderung in den Rahmenbedingungen und die Präsentation mehrerer Lösungen zur Normalität geworden.

Weltumspannende Märke täten ihr Übriges, um Projektteams noch diverser und bunter zu machen. Führung von ganz oben, ohne die intensive Einbeziehung von Experten aus allen Ebenen, werde ersetzt durch agile Methoden. Jacob: „Die daraus abgeleiteten Erkenntnisse führen dazu, dass sowohl an den Hochschulen als auch in den Lehrinhalten neue Kompetenzen gefördert werden sollten. "Die schiere Informationsüberflutung erfordert die Fähigkeit, Wesentliches von Belanglosem zu unterscheiden. Das kann nicht der Einzelkämpfer allein leisten. „Denn inter- und transdisziplinäres Wissen ist notwendig, um ein erfolgreiches Produkt herzustellen. "Beispiel hierfür sei die Corona-Pandemie. „Um Gesichtsmasken herzustellen und zu vertreiben, braucht es Wissen aus vielen verschiedenen Disziplinen. Maschinenbauer, Werkstofftechniker, Juristen, Biologen, Ärzte, Designer, Soziologen, Wirtschaftsingenieure und andere Fachleute sind dafür notwendig. " Daraus folgt für Jacob, dass im Studium auch Kollaborations- bzw. Querschnittskompetenzen, ethische Gesichtspunkte und gesellschaftliche Entscheidungsprozesse gelehrt und berücksichtigt werden sollten. Der VDI-Experte für Ingenieurausbildung glaubt, dass „eventuell auch individualisierte Lehrmethoden eine Möglichkeit sind, um angehende Studierende fit für die Arbeitswelt zu machen".

Dieter Spath, Präsident von Acatech - Deutsche Akademie der Technikwissenschaften, weiß, dass mit neuen beruflichen Anforderungen auch andere als die klassischen Lernmethoden einhergehen müssen. Er fordert eine didaktische Neupositionierung der Hochschullehre. Der Maschinenbauingenieur und Professor für Arbeitslehre stellt bei Studierenden abnehmendes Interesse an Präsenzvorlesungen fest. Es sei notwendig, ihnen neue Formate anzubieten, die selbstbestimmtes und kreatives Lernen fördern, etwa in Lernfabriken und Experimentierräumen.

Beispielhaft kann hier die TU Darmstadt sein, die einen eigenen Weg fand, ihren Masterstudierenden die Beschäftigung mit Herstellungsprozessen in den Zeiten von Industrie 4.0 und rasant voranschreitender Digitalisierung schmackhaft zu machen: mit einer kleinen Fabrik, die seit einigen Jahren auf dem Campus Lichtwiese steht, mit einer Fertigungsstraße, in der die Studierenden persönlich und in Echtzeit erproben können, was es heißt, im produzierenden Gewerbe zu arbeiten – Pannen und Fehler inklusive.

Mangel an Hochschullehrenden mit Praxiserfahrung

Ein weiterer „neuralgischer Punkt" ist für Acatech-Präsident Spath der zunehmende Mangel an Hochschullehrenden mit Praxiserfahrung. Dass die Ingenieurabsolventen in der Regel über profundes Theoriewissen verfügen, sei unbestritten, was häufig fehle, sei die Fähigkeit, Wissen im Unternehmen situationsbedingt umzusetzen.

Dass das Arbeitsleben für Ingenieure künftig nicht leichter, aber vermutlich noch spannender wird, glaubt Hochschulforscher Frank Ziegele vom Centrum für Hochschulentwicklung. „Routinetätigkeiten werden in der Wirtschaft auch weiterhin abnehmen, stattdessen müssen Ingenieure in der Lage sein, Probleme zu lösen, die man heute noch gar nicht kennt, und das in einem unstrukturierten, dynamischen Umfeld. "

Während die Digitalisierung an Hochschulen noch Luft nach oben habe, sei in den vergangenen drei Jahren Bewegung in die inhaltliche Gestaltung des Studiums gekommen. So sind bei den Ingenieuren 42 Prozent der Studiengänge themenorientiert, wie etwa Verkehrstechnik, Elektromobilität oder Sicherheitstechnik. Ziegele: „Sie sind also eindeutig interdisziplinär gestaltet - etwa im Zusammenspiel von E-Technik, Informatik, Soziologie und VWL. 25 Prozent werden spezieller; zum Beispiel Gebäudephysik oder Verwaltungsinformatik. Als Trend für die Zukunft sehe ich daher interdisziplinäre Themenorientierung und mehr Generalistenwissen, allerdings im Master auch eine Gegenbewegung zu Spezialisierung und Ausdifferenzierung für bestimmte Branchen. "

Damit wären die aktuellen Rahmenbedingungen skizziert. Was aber empfehlen Expert*innen jungen Menschen, die vor der Wahl ihres Berufsweges stehen? „ Ich rate grundsätzlich dazu, das zu studieren, was einem Spaß macht und sich auf sich und seine Interessen und Stärken zu konzentrieren", sagt Britta Matthes, Leiterin Berufliche Arbeitsmärkte beim Institut für Arbeitsmarkt- und Berufsforschung. „Insofern rate ich zu keinem spezifischen Studienfach, sondern offen zu sein für Themen jenseits der eigenen Disziplin. Das ist künftig Voraussetzung dafür, ausreichend qualifiziert und erfolgreich zu sein. " Wer gerne Data Scientist sein wolle, solle sich dafür entscheiden. Die Wahl aber nur aus dem Motiv zu treffen, dass der Beruf „ angesagt" sei, könne nicht zielführend sein.

(nach: https://www.vdi.de/news/detail/bereit-sein-verantwortung-zu-uebernehmen)

Aufgaben

1. Richtig oder falsch, kreuzen Sie an.

	richtig	falsch
(1) Ingenieur*innen müssen mehr Herausforderungen bewältigen.	( )	( )
(2) Die Entwicklung von Autos sollte beschränkt werden.	( )	( )
(3) Lediglich hat der deutsche Ingenieurabschluss vom Diplom einen guten Ruf.	( )	( )
(4) Wenn Ingenieur*innen eine neue Maschine produzieren, berücksichtigen sie nur Technik.	( )	( )
(5) Die fachlichen Qualifikationen sind nicht mehr die einzelnen Anforderungen an Ingenieur*innen.	( )	( )
(6) Ein erfolgreiches Produkt braucht vorwiegend Fachwissen.	( )	( )
(7) In Lernfabriken und Experimentierräumen können angehende Ingenieur*innen kreativ lernen.	( )	( )
(8) Die Verbesserung der Digitalisierung an Hochschulen ist wenig möglich.	( )	( )

2. Lesen Sie den Text und beantworten Sie die folgenden Fragen.

(1) Was fordert der Vizepräsident der Hochschule München von angehenden Ingenieuren?

_____

(2) Welche Fachleute arbeiten mit der Herstellung und dem Vertreiben von Gesichtsmasken?

_____

(3) Was machen die Masterstudierenden an der TU Darmstadt gegenüber den Zeiten von Industrie 4.0?

_____

(4) Was fehlt den Ingenieurabsolventen?

_____

(5) Was empfiehlt Britta Matthes jungen Menschen?

_____

3. Bilden Sie Einfachsätze.

(1) Es sei notwendig, ihnen neue Formate anzubieten.

_____

(2) Ingenieur*innen müssen in der Lage sein, Probleme zu lösen.

___

(3) Inter- und transdisziplinäres Wissen ist notwendig, um ein erfolgreiches Produkt herzustellen.

___

(4) Das ist künftig Voraussetzung dafür, ausreichend qualifiziert und erfolgreich zu sein.

___

Teil 4 / Aufgabe

Zhang Mings Nachbarin, Lea besucht Universität nächstes Jahr. Es ist ihr aber nicht klar, was sie studiert. Zhang Ming schlägt Lea Ingenieurwissenschaft vor. Nach dem Abschluss kann sie Ingenieurin werden. Aber Lea bezweifelt, dass Frauen es schwer haben, Ingenieurwissenschaft zu studieren und als Ingenieurin zu arbeiten. Zhang Ming möchte Lea überzeugen.

Evaluation

Bewerten Sie Ihren Lernerfolg mithilfe dieser Grafik. Auf jeder Achse sollen Sie einen Punkt auswählen und dadurch ein Viereck bilden wie im Beispiel.

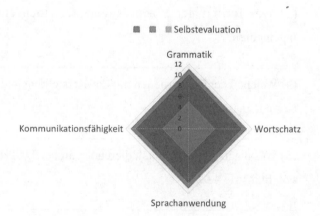

Glossar

Text Ⓐ

	resultieren		由……造成，引起
	veröffentlichen		公布，发表；出版，发行
der	Landkreis, -e		县
	kreisfrei	Adj.	不属县管辖的
das	Gefälle		坡度，倾斜；反差，差异

	verzeichnen		记录，记下，写下
	überspitzt	Adj.	夸张的，言过其实的
	diagnostizieren		诊断，断定，判断
	überaltert	Adj.	老龄化的；陈旧的，过时的
	unterjüngt	Adj.	年轻化不足的

Text Ⓑ

	liefern		供应，送交，提供
die	Urbanisierung		城市化
	Automatisiertes Fahren		自动驾驶
der	Engpass, Engpässe		关隘，峡谷，瓶颈口
die	Abkühlung,-en		冷却，降温，冷淡
die	Neueinstellung,-en		重新雇用
	vorübergehend		暂时的，短暂的，临时的
die	Kündigung		解雇，辞职
	verzichten		放弃，丢弃
	auslaufend	Adj.	泄露的

Text Ⓒ

	Schlips,-e		领带
der	bekräftigen		加强，强调，支持，确认
der	Hinweis,-e		指示，提示，暗示
	investieren		投入，投资，花费
	elementar	Adj.	初步的，基础的
	digitale Sitzung		在线会议
die	Präsenzsitzung,-en		线下会议
	ab/halten		挡住，妨碍，举行

Text Ⓓ

	stemmen		顶住，抵住，支撑
	korrespondieren		通信，与……一致，符合
	kreieren		创新设计
	umspannen		变换电压，调换，合抱

	divers	Adj.	各种各样的
die	Einbeziehung		包含，包含物
	belanglosem	Adj.	不重要的，无关紧要的
die	Kollaboration		合作，共事
der	Querschnitt		概要，横断面
die	Pannen		故障，事故
	unbestritten	Adj.	毫无争议的，毋庸置疑的
	interdisziplinär	Adj.	跨学科的
die	Ausdifferenzierung		区别，不同点
	skizzieren		速写，概述
	an/sagen		通知，预告，告知，口授

Lektion 8

Arten von Ingenieuren

Lernziel

◆ Sprachkenntnisse wie Relativsätze und Futur I beherrschen

◆ Arten von Ingenieuren kennenlernen

◆ Entscheidungen abwägen und begründen können

◆ Kommunikationsfähigkeit und Teamfähigkeit erhöhen

Ingenieure nach Branchen

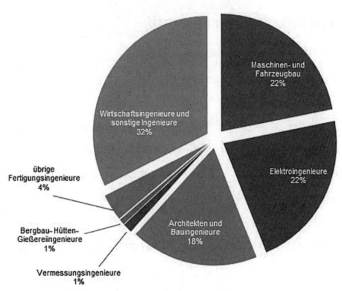

nach: VDI Monitoring, 2010

Teil 1 / Einführung

Laut der Grafik können wir sehen, dass die meisten Ingenieure in den Bereichen Maschinenbau und Elektrotechnik beschäftigt sind. Aber in jedem der fünf großen Bereiche gibt es inzwischen viele verschiedene fachliche Spezialisierungsmöglichkeiten. Dies ist eine Folge der immer komplexer und spezialisierter werdenden Welt der Technik. Das Branchenspektrum ist ebenso vielfältig wie die Aufgaben von Ingenieuren. Sie wollen Ingenieur werden, aber was für einen Ingenieur eigentlich? Beantworten Sie folgende Fragen:

(1) Welche Arten von Ingenieuren kennen Sie noch?

(2) Was für Aufgaben haben sie jeweils, nennen Sie mindestens zwei Beispiele.

(3) Gibt es Ausbildung- sowie Gehälterunterschiede unter den verschiedenen Ingenieurberufen? Was glauben Sie?

Andere Fragen schreiben Sie auf.

_____

_____

_____

Tauschen Sie im Kurs die Ergebnisse mit Ihrem Partner oder Ihrer Partnerin aus.

Teil 2 / Wortschatz und Grammatik

1. Relativsätze mit dem Relativpronomen

(1) Das Auto wird elektrisch betrieben. Das Auto kann schnell beschleunigen und ruhig fahren.

Das Auto, **das** elektrisch betrieben wird, kann schnell beschleunigen und ruhig fahren.

(2) Der Sohn studiert in Deutschland Elektrotechnik. Sein Vater ist Elektrotechniker.

Der Sohn, **dessen** Vater Elektrotechniker ist, studiert in Deutschland Elektrotechnik.

(3) Der Geschäftsmann will in Hangzhou eine Firma gründen. Das Essen in China gefällt ihm sehr.

Der Geschäftsmann, **dem** das Essen in China gefällt, will in Hangzhou eine Firma gründen.

(4) Der Student macht oft einen Fehler. Er macht den Fehler schon seit dem Semesteranfang.

Der Student macht oft einen Fehler, **den** er schon seit dem Semesteranfang macht.

	m	n	f	Plural
N	der	das	die	die
G	dessen	dessen	deren	deren
D	dem	dem	der	denen
A	den	das	die	die

✐Übung

Ergänzen Sie die richtigen Relativpronomen.

(1) Bist du eher eine Person, _____ gern in einem Büro arbeitet?

(2) Der Professor, _____ Herr Huang morgen vom Flughafen abholt,
ist Deutsche.

(3) Die Fachhochschule, _____ Alumni ausgezeichnet sind, ist berühmt.

(4) Die Familie, _____ ich beim Umzug viel geholfen habe, kommt aus China.

2. Relativsätze mit Präpositionen

(1) Ich habe endlich den Professor gesehen, **von dessen** Theorie ich oft gehört habe.

(2) Das Studentenwohnheim, **in dem** er wohnt, kostet 300 Euro monatlich.

(3) Er hat das Porschemuseum in Stuttgart besucht, **für das** er sich sehr interessiert.

✐Übung

Bilden Sie Relativsätze mit Präposition.

(1) Seine Freunde besuchen ihn in China. Er hat mit ihnen zusammen zwei Jahre in
einer WG gewohnt.

_____

(2) Die Einladung von der Firma Bosch kommt endlich. Über die Einladung habe ich
mich sehr gefreut.

_____

(3) Der Zug nach Hamburg kommt immer noch nicht. Wir haben schon eine Stunde
auf den Zug gewartet.

_____

3. Relativsätze mit „was"

(1) **Das**, **was** wir im Unterricht gelernt haben, muss oft wiederholt werden.

(2) **Alles**, **was** China in den letzten Jahren erreicht hat, ist unglaublich.

(3) **Das Schwierigste, was** er auf dem Gymnasium lernt, ist Mathematik.

✎ **Übung**

Bilden Sie Relativsätze mit *was*.

(1) kaufen, hat, in der Stadtmitte, möchte, was, gesehen, das, Thomas, er, gern.

_____, _____.

(2) das, in, erlebt, war, das Beste, Deutschland, was, er, Erlebnis, hat

_____, _____.

4. Futur I

werden+ Infinitiv

(1) zukünftige Handlung

Li fährt in der nächsten Woche nach Deutschland.

Li **wird** in der nächsten Woche nach Deutschland **fahren**.

(2) Bekräftigung

● Willst du Maschinenbau studieren?

■ Ja.

● Wirklich?

■ Ja, ich **werde** Maschinenbau studieren.

✎ **Übung**

1. Bilden Sie Sätze mit Futur I.

(1) Alle Häuser sind in der Zukunft umweltfreundlich.

_____

(2) Im nächsten Monat haben wir Sommerferien.

_____

2. Ergänzen Sie den passenden Satz.

● Thomas arbeitet nach dem Abschluss bei Siemens.

■ Wirklich?

● Ja, _____

Teil 3 / Texte

Text Ⓐ

Text A Aufgabe 1

Aufgaben und Unterteilung der Ingenieure

Die Antwort auf die Frage, was ein Ingenieur oder eine Ingenieurin eigentlich macht, kann in einem Satz zusammengefasst werden: Er oder sie findet technische Lösungen für technische Probleme. Ob in den Bereichen Klimaschutz, Energie, Umwelt, Mobilität, Digitalisierung oder Medizin – es sind Ingenieure, die innovative Technologien entwickeln, dank derer sich die Welt verändert.

Einige Ingenieure haben sich spezialisiert und dementsprechend einen anderen Aufgabenbereich: So ist eine Vertriebsingenieurin beispielsweise viel unterwegs, um bestimmte Produkte zu verkaufen. Ein Wirtschaftsingenieur wiederum arbeitet an der Schnittstelle zwischen Technik und Wirtschaft.

Die Ingenieurberufe lassen sich sowohl nach der Ausbildung und der Branche unterteilen als auch nach den Tätigkeitsbereichen. Ein Beispiel: Eine studierte Maschinenbauingenieurin wird sich in vielen Fällen mit der Fertigung von Maschinen beschäftigen. In diesem Zweig kann sie aber in der Forschung und Entwicklung tätig sein, in der Konstruktion oder beispielsweise auch im Vertrieb.

Der Verein Deutscher Ingenieure e.V. (VDI) teilt in seiner regelmäßig erscheinenden Publikation „Ingenieurmonitor" die Ingenieurberufe in acht Kategorien ein:

Bau, Vermessung, Gebäudetechnik und Architektur

Energie- und Elektrotechnik

Maschinen- und Fahrzeugtechnik

Metallverarbeitung

Kunststoffherstellung und chemische Industrie

Rohstofferzeugung und -gewinnung

Technische Forschung und Produktionssteuerung

Informatik (an Hochschulen in der Regel den Ingenieurwissenschaften zugeordnet)

Die Abgrenzung ist jedoch nicht immer eindeutig. So kann das Berufsprofil eines gelernten Maschinenbauingenieurs, der über langjährige spezifische Berufserfahrung in der Elektrotechnik verfügt, größere Übereinstimmung mit einem Elektrotechnikingenieur aufweisen als beispielsweise mit einem Maschinenbauingenieur, der im Fahrzeugbau beschäftigt ist.

Innerhalb dieser Berufsfelder lässt sich dann noch der Tätigkeitsbereich unterscheiden: So kann beispielsweise eine Bauingenieurin in der Planung oder Konstruktion arbeiten, als Entwicklungs- oder Vertriebsingenieurin oder auch als Software- oder Serviceingenieurin. (nach: https://www.academics.de/ratgeber/berufsbild-ingenieur)

Aufgaben

1. Richtig oder falsch, kreuzen Sie an.

	richtig	falsch
(1) Es gibt auch Ingenieure im Bereich Klimaschutz und Medizin.	( )	( )
(2) Ein Wirtschaftsingenieur muss sowohl technische als auch kaufmännische Arbeit erledigen.	( )	( )
(3) Als Maschinenbauingenieur beschäftigt man sich nur mit Maschinen.	( )	( )
(4) Es gibt klare Begrenzung zwischen den unterschiedlichen Ingenieurberufen.	( )	( )

2. Beantworten Sie die Fragen.

(1) Was ist die Aufgabe eines Ingenieurs?

_____

(2) Was macht eine Vertriebsingenieurin?

_____

(3) Welche Kategorien haben Ingenieurberufe laut VDI?

_____

(4) Gibt es innerhalb der Berufsfelder noch Unterschiede zwischen Tätigkeitsbereichen? Nennen Sie zwei Beispiele.

_____

_____

3. Bilden Sie Sätze.

> **Redewendung**
> Die Antwort auf die Frage, was ... macht, kann in einem Satz zusammengefasst werden.
> ... lassen sich sowohl nach ... unterteilen als auch nach ...

4. Sprechübung.

Felix und Eva haben gerade Abitur gemacht und stehen vor der Studienwahl. Felix möchte einen traditionellen Studiengang von Ingenieurwesen wählen, Eva möchte

Felix: Eva, ich finde, ein Maschinenbauingenieur ist immer gefragt. Eva:...

zwar auch Ingenieurwesen studieren, aber sie bevorzugt neue Fachrichtung wie technische Forschung und Produktionssteuerung. Darüber machen die beiden einen Dialog.

Text **B**

Berufsfelder der typischen Ingenieure

Sie planen, konstruieren und berechnen tagein tagaus, damit wir es uns mit den modernen Annehmlichkeiten des Alltags gemütlich machen können. Ohne sie gäbe es keine Autos, keine Brücken, Kühlschränke oder Züge. Das schaffen unterschiedliche Ingenieure mit ihren fachlichen Kenntnissen.

_____

„Schaffe schaffe, Häusle baue" - dieser Spruch ist zwar eigentlich auf die Sparsamkeit und den Arbeitseifer von Schwaben bezogen, doch er beschreibt auch auf den Beruf als _____ sehr gut. Als solch einer arbeitest du nämlich voller Verantwortung und bist am Haus-, Brücken -, Industrie-, Verkehrsbau oder sonstigen Bauvorhaben beteiligt. Wie deine Beteiligung daran aussehen wird, hängt ganz davon ab, in welchem Bereich du arbeiten möchtest. Bist du eher eine Person, die gern in einem Büro arbeitet oder möchtest du lieber auf Achse sein und auf der Baustelle, im Produktionsbereich oder vermehrt im Kundenkontakt tätig werden? Für welches Gebiet du dich auch immer entscheidest, du wirst definitiv mit vielen mathematischen, statischen und naturwissenschaftlichen Formeln zu tun haben und dir ein großes Regelwerk sowie viele Normen einprägen.

_____

Als studierter Elektrotechniker bist du einer der Helden unserer modernen Gesellschaft, denn e. In beinahe jedem Lebensbereich spielt die _____ eine Rolle: Vom Weckerklingeln bis zum gemütlichen Fernsehabend – unser gesamter Tagesablauf wird von elektronischer Technik begleitet. Du als Ingenieur der _____ weißt genau, wie unsere technischen Helferlein funktionieren – doch auch wenn du nach deinem Studium über ein ausgeprägtes Fachwissen verfügt, wirst du merken, dass der Berufsalltag als _____ ganz anders aussieht, als du es noch in der Uni gedacht hast.

_____

„Geht ein _____ mit ein paar Konservendosen in den Wald, kommt er mit einer Lokomotive wieder heraus." Auch wenn Zitat das vielleicht nicht ganz den Tatsachen entspricht, ist doch klar: Als _____ erschaffst du jeden Tag etwas Neues, was die

Welt braucht und im Idealfall weiter voranbringt. Nicht umsonst fallen immer wieder Schlagwörter wie Exportweltmeister, Technikriese und Qualitätsgarant, wenn es um die deutsche Ingenieurskunst geht. Wahrscheinlich fühlst du dich mit deinem abgeschlossenen _____ schon als Fachmann, aber beim ersten Tag im Betrieb wirst du schnell feststellen, dass du über den Beruf als _____ noch gar nichts weißt. Aber keine Sorge, dass wird sich schnell ändern.

_____

_____ - die Multitasker, Allrounder und Experten! Im Beruf als _____ arbeitest du an der Schnittstelle von Technik und Wirtschaft und kannst das Know-how eines Ingenieurs mit betriebswirtschaftlicher Management-Kompetenz, Kenntnissen in VWL sowie Jura verbinden. Dank deines Studiums bzw. deines Allroundwissens bist du imstande, Projekte und Themen aus verschiedenen Blickwinkeln zu betrachten und zu bewerten. Dadurch hast du eine größere Entscheidungskompetenz -du bist also ein echtes Multitalent. _____ haben es derzeit bei der Suche nach einem geeigneten Job leichter als je zuvor. Nach ihrem Abschluss gehören sie zu den gefragtesten Fachkräften auf dem Arbeitsmarkt. Vor allem in der Autoindustrie, im Bereich der Elektrotechnik und des Maschinenbaus werden händeringend _____ gesucht.

(nach: https://www.karista.de/berufe/bauingenieur/)

Aufgaben

1. Bringen Sie die Überschriften in die richtige Reihenfolge!

Beruf als Wirtschaftsingenieur Arbeiten	
Beruf als Maschinenbauingenieur	
Beruf als Elektrotechniker	
Beruf als Bauingenieur	

2. Füllen Sie die Lücken mit den gegebenen Wörtern aus.

Elektrotechniker   Wirtschaftsingenieur   Elektrotechnik   Bauingenieur   Maschinenbauingenieur   Maschinenbaustudium

3. Bilden Sie Sätze.

Redewendung

... mit ... verbinden

über ... wissen

Satz

Ohne ... gäbe es kein ...,

Du wirst mit ... zu tun haben, ...

4. Sprechübung.

Sprechen Sie mit Ihrem Partner oder Ihrer Partnerin.

● Welcher Ingenieur möchtest du werden? Warum?

■ Ich möchte … werden, weil ich…

Beispiel:

Ich möchte Informatikingenieur werden, denn ich interessiere mich sehr für Computer.

…

Text C

Die Nachfrage nach Ingenieuren steigt weiter

Text C Aufgabe 1

Da die Produktionsauslastung in Deutschland steigt, sind auch Ingenieure mehr gefragt – allerdings nicht in allen Bereichen: Entwicklungsingenieure im Maschinenbau und der Elektrotechnik sinken in der Nachfrage.

Gute Nachrichten für Fachkräfte: Aufgrund der steigenden Produktionsauslastung steigt auch die Nachfrage nach Ingenieuren im ersten Quartal 2021 gegenüber dem Vorquartal weiter an. Erstmals ist die Nachfrage über das Niveau zu Beginn der Corona-Krise gestiegen. Allerdings bleibt die Nachfrage stark davon abhängig, in welcher Position man arbeitet. Das sind Ergebnisse des Hays-Fachkräfte-Index.

Am stärksten wuchs die Nachfrage bei Betriebsingenieuren, Bauingenieuren, Qualitätsingenieuren und Fertigungsingenieuren. Bauingenieure sind damit so gefragt wie nie, seit der Fachkräfteindex gemessen wird. Das spiegelt den Boom in der Bauindustrie wider, sowohl im Hoch- als auch im Tiefbau.

Dagegen stagnierte die Nachfrage bei anderen Positionen – oder war gar leicht rückläufig: Bei Entwicklungsingenieuren in der Elektrotechnik und für Antriebstechnik ist die Nachfrage kaum gestiegen. Im Bereich Maschinenbau und Hardware sind Stellenangebote sogar rückläufig. Der Grund: Die gedämpfte Nachfrage nach maschinenbaulichen und elektrotechnischen Produkten und der massive Strukturwandel in der Automobilindustrie.

Verglichen nach Branchen stieg in allen Bereichen die Nachfrage nach Ingenieuren. Am stärksten war das im Baugewerbe, in der Elektronik/Elektrotechnik/Optik, in der öffentlichen Verwaltung und im Maschinenbau der Fall.

Schaut man sich die Nachfrage im ersten Quartal 2021 im Vergleich zum Vorjahresquartal an, so entwickelt sich die Nachfrage unterschiedlich. Die stärksten Zuwächse gab es bei Bauingenieuren und Betriebsingenieuren, die stärksten Rückgänge bei Entwicklungsingenieuren im Bereich Automotive und im Bereich Elektrotechnik. Die stärksten Zuwächse bei den Branchen gab es verglichen mit dem Vorjahresquartal in der IT-Branche, im Baugewerbe und in der öffentlichen Verwaltung.

In der Corona-Pandemie haben sich bislang Baugewerbe und öffentliche Verwaltung als die beiden Branchen erwiesen, die am beständigsten nach Ingenieuren suchten.

In den letzten Monaten ist die Produktionsauslastung in Deutschland weiter angestiegen. Der Grund: Neben einer verbesserten Binnen-Nachfrage steigen vor allem die Aufträge aus dem Ausland, vorrangig aus den USA und China. „Das erklärt auch den Anstieg der Nachfrage nach Betriebs-, Fertigungs- und Qualitätsingenieuren", erläutert Alexander Heise von Hays. Auch die Baubranche wächst – Grund hierfür sind die anhaltend niedrigen Zinsen.

(nach: https://www.maschinenmarkt.vogel.de/die-nachfrage-nach-ingenieuren-steigt-weiter-a-1020032/)

Aufgaben

1. Wählen Sie die richtige Lösung aus.

(1) In Deutschland steigt der Bedarf an...

a. Bauingenieuren.

b. Entwicklungsingenieuren im Maschinenbau.

c. Entwicklungsingenieuren in der Elektrotechnik.

(2) Die Nachfrage nach Entwicklungsingenieuren in der Elektrotechnik...

a. steigt.

b. bleibt wie früher.

c. ist rückläufig.

(3) Die stärksten Zuwächse im ersten Quartal 2021 im Vergleich zum Vorjahresquartal gab es bei...

a. Entwicklungsingenieuren im Bereich Automotive und im Bereich Elektrotechnik.

b. Wirtschaftsingenieuren und IT-Ingenieuren.

c. Bauingenieuren und Betriebsingenieuren.

(4) In den letzten Monaten ist die Produktionsauslastung in Deutschland weiter angestiegen, denn...

a. hohe Zinse bringen mehr Geld.

b. die Nachfrage im Inland wird verbessert.

c. aus den USA und China will Deutschland Waren importieren.

2. Bilden Sie Sätze.

> **Redewendung**
>
> sowohl ... als auch ...
>
> **Satz**
>
> Die Nachfrage nach ... steigt.
>
> ... sind so ... wie nie, seit ... gemessen wird.
>
> Neben ... steigen vor allem ..., vorrangig aus ...

3. Laut dem Text werden folgende Ingenieure in Deutschland mehr gefragt:

- Bauingenieure

- Betriebsingenieure

- Ingenieure in der IT-Branche

- Ingenieure in der öffentlichen Verwaltung

(1) Sprechen Sie mit Ihrem Partner oder Ihrer Partnerin darüber, was der Grund dafür ist?

(2) Wie sieht es in China aus? Sprechen Sie in der Gruppe.

Text

Kategorieübersicht von Ingenieuren

Text D Aufgabe 1

Die Spezialität eines Ingenieurs in jedem Unternehmen muss eine bestimmte Klassifizierung haben, die als Freigabestufe bezeichnet wird. Unterscheiden Sie zwischen der ersten, zweiten und dritten Kategorie von Spezialisten sowie Arbeitnehmern, die keine Kategorie haben. Anhand dieser Informationen werden die Arbeitsbedingungen des zukünftigen Ingenieurs sowie sein Lohn ermittelt.

Nicht kategorisierte Fachleute führen nur einfache Aufgaben aus. Sie müssen ohne qualifizierte Ingenieure keine anderen Entscheidungen treffen.

Ingenieure der 3. Kategorie bewältigen die Aufgaben eines Mitarbeiters ohne Qualifikation, sie müssen einfache Zeichnungen entwickeln, keine Entscheidungen treffen und ihre Arbeit unter der Aufsicht eines Spezialisten der ersten Kategorie ausführen.

Die zweite Kategorie von Ingenieuren erhält die Erlaubnis und die Fähigkeit, Zeichnungen für einige Teile und Kleingeräte mit einfacher Struktur zu entwickeln und diese Teile zusammenzubauen.

Ingenieure der ersten Kategorie sind meist die Leiter dieser Abteilung, sie überwachen die Umsetzung aller Aufgaben und sind auch für die Richtigkeit von Zeichnungen und Berechnungen verantwortlich. Sie sind für die Optimierung der bestehenden Anlagensysteme verantwortlich.

Ingenieursspezialisten erhalten eine Kategorieebene durch das Bestehen einer Fachzertifizierung. Der Zeitpunkt kann von einer Regierungsbehörde oder von unabhängigen, von Unternehmen beauftragten Kommissionen festgelegt werden.

Nachdem ein Ingenieur für eine bestimmte Zeit in einer Position in seinem Fachgebiet gearbeitet hat, kann er sich bewerben, um seine Professionalität zu verbessern und eine höhere Kategorie zu erhalten. Dies geschieht meistens alle 3 Jahre.

Die Fachrichtung Ingenieurwesen war und ist auf dem Arbeitsmarkt schon immer sehr gefragt, erfordert jedoch viel Aufwand, um entsprechende Kenntnisse und Erfahrungen zu sammeln. Die Wettbewerbsfähigkeit von Spezialisten basiert auf ihrem Können und der Kenntnis der neuesten Erkenntnisse in verschiedenen Bereichen.

(nach: https://fashion-de.decorexpro.com/inzhener/vidy/#h2_857965)

Aufgaben

1. Richtig oder falsch, kreuzen Sie an.

	richtig	falsch
(1) Es gibt drei Kategorien von Ingenieuren.	( )	( )
(2) Ingenieur der 3. Kategorie trägt mehr Verantwortung als Ingenieur der 1. Kategorie.	( )	( )
(3) Wenn man eine Fachzertifizierung besteht, bekommt man eine Kategorieebene.	( )	( )
(4) Wenn man eine höhere Kategorie erhalten möchte, muss man drei Jahre warten.	( )	( )

2. Beantworten Sie die Fragen.

(1) Was ist die Aufgabe von den nicht kategorisierten Fachleuten?

_____

(2) Was ist die Aufgabe der Ingenieure der 3. Kategorie?

_____

(3) Was ist die Aufgabe der Ingenieure der 2. Kategorie?

_____

(4) Was ist die Aufgabe der Ingenieure der 1. Kategorie?

_____

(5) Wie bekommt man als Ingenieur eine höhere Kategorie?

_____

3. Bilden Sie Sätze.

> **Redewendung**
>
> Entscheidung treffen   für ... verantwortlich sein
>
> sich um ... bewerben
>
> **Satz**
>
> Der Zeitpunkt kann von ... oder von ... festgelegt werden.
>
> ... basiert auf ... in verschiedenen Bereichen.

Teil 4 / Aufgabe

Zu Beginn des Studiums hat Zhang Ming Ingenieurwesen als sein Studienfach gewählt und er hat seine Wahl mit folgenden Fragen abgewägt:

(1) Warum habe ich dieses Studienfach gewählt?

(2) Möchte ich später auch entsprechenden Ingenieur werden?

(3) Wie sehen die Ausbildung und die zukünftige Aufgabe aus?

Evaluation

Bewerten Sie Ihren Lernerfolg mithilfe dieser Grafik. Auf jeder Achse sollen Sie einen Punkt auswählen und dadurch ein Viereck bilden wie im Beispiel.

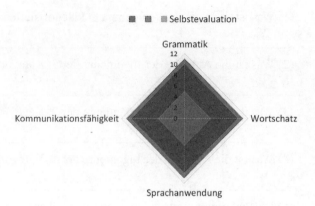

Glossar

Text Ⓐ

die	Unterteilung, -en		细分
der	Klimaschutz		环境保护
die	Vertriebsingenieurin, -nen		女销售工程师
der	Wirtschaftsingenieur, -e		经济工程师
die	Fertigung, -en		制造
der	Zweig, -e		分支
die	Vermessung, -en		测量
die	Metallverarbeitung, -en		金属加工
die	Kunststoffherstellung, -en		合成材料生产
die	Abgrenzung, -en		界限
	eindeutig	Adj.	明显的
die	Übereinstimmung, -en		一致，协调

Text Ⓑ

	berechnen		计算
die	Annehmlichkeit, -en		舒适，安逸
	naturwissenschaftlich	Adj.	自然科学的
das	Weckerklingeln		闹钟铃声
die	Konservendose, -n		罐头
die	Lokomotive, -n		火车头

der	Idealfall		理想的情况
der	Multitasker		多线程者
	betrachten		观察
	gefragtest	Adj.	最热门的

Text C

das	Quartal, -e		季度
	gegenüber		在……对面
das	Niveau, -s		水准
die	Corona-Krise		新冠疫情
	rückläufig	Adj.	逆向的
	elektrotechnisch	Adj.	电气工程的
das	Baugewerbe		建筑业
die	Optik		光学
die	Pandemie, -n		瘟疫
die	Auftrag, Aufträge		委托
	vorrangig	Adj.	优先的
	anhaltend	Adj.	持续的
der	Zins, -en		利息

Text D

die	Qualifikation, -en		能力，资格
die	Aufsicht		监管，看守
	überwachen		监控
	verantwortlich	Adj.	有责任的
die	Optimierung, -en		优化
die	Regierungsbehörde		政府机关
die	Professionalität, -en		专业性
der	Aufwand		耗费
die	Wettbewerbsfähigkeit		竞争力
	basieren		基于

Lektion 9

Chinesische Ingenieure

Lernziel

◆ Sprachkenntnisse wie Präteritum und temporale Präpositionen beherrschen

◆ Geschichte von chinesischen Ingenieuren kennenlernen

◆ sich über Arbeitsbedingungen als Ingenieur in China Gedanken machen

◆ Kommunikationsfähigkeit und Teamfähigkeit erhöhen

Teil 1 / Einführung

China hat eine lange Geschichte von Technik und hat viele großartige Ingenieure, wie zum Beispiel der Baumeister Lu Ban. Der Aufbau des Neuen Chinas ist auch untrennbar mit dem Beitrag moderner Ingenieure verbunden. Beantworten Sie folgende Fragen über Ingenieure in China!

(1) Kennen Sie andere berühmte chinesische Ingenieure?

(2) Wie wird man Ingenieur in China?

(3) Welches Berufsbild hat Ingenieur in China?

Andere Fragen schreiben Sie auf.

_____

_____

_____

Tauschen Sie im Kurs die Ergebnisse mit Ihrem Partner oder Ihrer Partnerin aus.

Teil 2 / Wortschatz und Grammatik

1. Präteritum von *sein* und *haben*

(1) Konjugation

Infinitiv	sein	haben
ich	**war**	**hatte**
du	warst	hattest
er/sie/es	**war**	**hatte**
wir	waren	hatten
ihr	wart	hattet
sie	waren	hatten
Sie	waren	hatten

过去时叙述过去发生的事情，口语中一般用现在完成时来替代过去时的功能，但sein和haben这两个动词多使用其过去时。

(2) Anwendung

a) Ich bin jetzt in Deutschland.

我现在德国。

Ich war in der letzten Woche in China.

我上周在中国。

b) Er hat ein neues Auto.

他有辆新车。

Er hatte ein altes Auto.

他曾经有辆旧车。

✎ **Übung**

Ergänzen Sie *sein* oder *haben* im Präteritum!

1) Es _____ unheimlich heiß im letzten Sommer in Deutschland.

2) Bevor ich ausgezogen bin, _____ ich ein eignes Zimmer zu Hause.

3) In der Zeit der Coronakrise _____ er eine schwierige Zeit.

4) Wie _____ die Reise in der Schweiz?

2. Modalverben im Präteritum

(1)Konjugation

Infinitiv	wollen(möchten)	müssen	können	dürfen	sollen
ich	**wollte**	**musste**	**konnte**	**durfte**	**sollte**
du	wolltest	musstest	konntest	durftest	solltest
er/sie/es	**wollte**	**musste**	**konnte**	**durfte**	**sollte**
wir	wollten	mussten	konntest	durften	sollten
ihr	wolltet	musstet	konntet	durftet	solltet
sie	wollten	mussten	konnten	durften	sollten
Sie	wollten	mussten	konnten	durften	sollten

说明：möchten 和 wollen 的过去式都是 wollten。

(2) Anwendung

Er **will** in Deutschland BWL studieren.

他想要在德国读企业经济学。

Als er 18 Jahre alt war, **wollte** er in Deutschland BWL studieren.

当他 18 岁的时候，曾想过在德国读企业经济学。

✎ **Übung**

Ergänzen Sie die Lücken mit Modalverben im Präteritum.

(1)

■ Wie war der Deutschkurs am Sprachenzentrum? _____ ihr alles verstehen?

■ Nicht ganz. Wir _____ viel nachholen.

(2)

■ Hallo, wo warst du gestern Abend? Ich _____ dich nicht erreichen.

■ Mir war schlecht. Ich _____ nur im Bett bleiben und schlafen.

3. Präteritum

(1) Regelmäßige Verben

Patrik **lebt** in Berlin.

帕特里克生活在柏林。

Er **arbeitet** als Ingenieur bei Vattenfall.

他是 Vattenfall 的工程师。

Lu Ban **lebte** von ca. 507–444 v. Chr. in Lu.

鲁班在公元前约 507–444 年生活在鲁国。

Er **arbeitete** als Architekt und Zimmermann.

他曾是一名建筑师和木匠。

	leben	**arbeiten**
ich	lebte	arbeitete
du	lebtest	arbeitetest
er/sie/es	lebte	arbeitete
wir	lebten	arbeiteten
ihr	lebtet	arbeitetet
sie	lebten	arbeiteten
Sie	lebten	arbeiteten

规则变化的动词在第一、二、三人称单数变位时，在词干后分别加 te，test 和 te。

如动词词干以 t，d，ffn，chn，gn 结尾，则分别加 ete，etest 和 ete。

例如，heiraten 的第一人称单数过去时为 heiratete。

(2) Unregelmäßige Verben

Li Ming **gilt** als der fleißigste Student in der Klasse.

李明是班上最勤奋的学生。

Er **galt** als wenig aufmerksamer Schüler.

他在班上是不太显眼的学生。

Allein **schaffe** ich die Arbeit nicht.

我一个人干不了这活。

Lu Ban **schuf** „Wolkenleiter " zum erklimmen von Festungsmauern.

鲁班创造了登云梯用来爬上城墙。

	gelten	schaffen
ich	galt	schuf
du	galtest	schufst
er/sie/es	galt	schuf
wir	galten	schufen
ihr	galtet	schuft
sie	galten	schufen
Sie	galten	schufen

不规则动词过去时变化时，动词词干换元音字母，第一和第三人称单数无词尾，其他人称加上对应词尾。

✏ **Übung**

Schreiben Sie das richtige Präteritum in die Lücken.

Um 6 Uhr morgens _____ (stehen) er auf. Es _____ (sein) noch dunkel draußen. Er _____ (laufen) wie immer halbe Stunde auf dem Sportplatz und _____ (nehmen) nachher ein Bad. Zum Frühstück _____ (geben) es ein belegtes Brötchen. Der Unterricht _____ (beginnen) um 8:00. Er _____ (haben) noch genug Zeit.

4. temporale Präpositionen *vor, nach, seit, bis*

(1) Vor der Abfahrt soll man noch einmal überprüfen, ob alles schon eingepackt ist.

(2) Nach dem Abitur fährt Janis sofort in Urlaub.

(3) Seit 2020 ist China Exportweltmeister im Maschinenbau.

(4) Bis Anfang Oktober dauert das Oktoberfest in München.

✏ **Übung**

Ergänzen Sie die Präpositionen *vor, nach, seit, bis* in den passenden Stellen.

(1) _____ wann bist du in Deutschland?

(2) Von Montag _____ Mittwoch haben wir Deutschunterricht.

(3) Ich trinke immer _____ dem Mittagessen eine Tasse Kaffee.

(4) _____ dem Klingeln darf man nichts auf den Prüfungsbogen schreiben.

Teil 3 / Texte

Text Ⓐ

Lu Ban-Baumeister und Erfinder

Lu Ban lebte von ca. 507–444 v. Chr. und war ein chinesischer Baumeister, Erfinder und Zimmermann während der Zhou-Dynastie. Er wird als Daoistischer Schutzpatron der Architekten, Bauunternehmer und Zimmerleute verehrt.

Lu Ban wurde im historischen Staat Lu geboren. Dies entspricht in etwa dem heutigen Qufu in Shandong. Qufu schmückt unter anderem sich mit dem Titel „Heimatstadt Lu Bans" zu sein. Einige Quellen behaupten, Lu Ban sei weit im Westen in Dunhuang als Sohn einer Handwerkerfamilie während der Frühlings- und Herbstperiode der Zhou-Dynastie geboren worden. Sein ursprünglicher Name war GongShu YiZhi. Andere Namen sind GongShu Ban oder GongShu Pan. Im Kantonesischen wird er als Lo Pan bezeichnet.

Lu Ban galt als wenig aufmerksamer Schüler, bis seine Liebe zum Lernen vom Gelehrten „Zixia" einem Schüler von Konfuzius entfacht wurde. Später lernte er Holzbearbeitung beim Meister Bao LaoDong. Seine technischen Arbeiten waren hochgeschätzt. Die große Nachfrage nach seiner Arbeit zwang ihn angeblich dazu, eine Reihe von Tischlerwerkzeugen zu erfinden oder zu verbessern, darunter Anschlagwinkel, Hobel, Bohrer, Schaufel und ein selbstmarkierendes Senkblei, um seine vielen Projekte schneller abschließen zu können. Seiner Frau Lu Mei wurde die Erfindung des Regenschirms zugeschrieben, damit er auch bei schlechtem Wetter arbeiten konnte.

Zur Erfindung der Säge gibt es eine Legende die besagt, dass Lu Ban, als er einen Baumstamm ergriff, um beim Sammeln von Brennholz einen steilen Hang zu erklimmen, von einem gezähnten Blattrand geschnitten wurde. Er erkannte sich, dass die Struktur des Blatt-Randes ein effizientes Werkzeug zum Absägen und Fällen von Bäumen sein könnte.

Auch für die Kriegskunst werden ihm Erfindungen zugeschrieben: so zum Beispiel die sogenannte „Wolkenleiter" zum erklimmen von Festungsmauern, eine verbesserte Strickleiter, eine mobile Belagerungs-Leiter mit Gegengewicht, einen besonders geformten Greifhaken zum Erklimmen von Festungs-Mauern und einen sogenannte „Widder" (Rammbock) sowie andere Belagerungs-Werkzeuge und Geräte für die Seekriegsführung. Es existiert eine umfangreiche klassische Literatur aus dem 3. bis 15. Jahrhundert, die seine Erfindungen feiert.

Für die Drachenwelt ist die ihm zugeschriebene Erfindung des „Holz-Vogels" wohl die wichtigste Erfindung. Er gilt als der Prototyp eines Drachens, der wie beschrieben, „drei Tage in der Luft bleiben konnte". Eine gelegentlich kolportierte Geschichte beschreibt wie Lu Ban nach Erfindung des Hobels einige große und flache Holz-Späne abhob. Im Moment des Niederfallens wurde die Werkstatt-Tür von seiner Frau geöffnet. Der dadurch entstandene Luftzug ließs die flachen Holz-Späne langsam von der Werkbank heruntersegeln. Dieses Phänomen versuchte er zu ergründen, und entwickelte danach den „Holz-Vogel" als Drachen-Prototyp. Vor dem Drachenmuseum in Wiefang ist eine überlebensgroße Statue von Lu Ban aufgestellt.

(nach: http://www.chinakites.de/htm/LuBan-D.html)

Aufgaben

1. Richtig oder falsch, kreuzen Sie an.

	richtig	falsch
(1) Lu Ban wurde ca. im Jahr 444 v. Chr. geboren.	( )	( )
(2) Er erfand eine Reihe von Werkzeugen, um effizienter zu arbeiten.	( )	( )
(3) Die Inspiration von der Erfindung Säge bekam er vom Baumstamm.	( )	( )
(4) Lu Bans „Holz-Vogel " ist ein Prototyp für Drache.	( )	( )

2. Beantworten Sie die Fragen.

(1) Wann und wo ist Lu Ban geboren?

_____

(2) Warum hat seine Frau Lu Mei Regenschirm erfunden?

_____

(3) Wie kam Lu Ban zur Idee des Holz-Vogels?

_____

(4) Welche Werke hat Lu Ban erfunden?

_____

3. Bilden Sie Sätze.

Redewendung

hochgeschätzt werden   bei schlechtem Wetter

im Moment des...

Satz

... wird als ... verehrt.

... gilt als ...

4. Sprechübung.

Zhang Ming und Thomas sind Kommilitonen an der Hochschule Hannover. Eines Tages haben sie über das Thema Erfindungen gesprochen. Patrick möchte gern mehr über die vier großen Erfindungen Chinas wissen.

Darüber machen die beiden einen Dialog.

> Thomas: Zhang Ming, sag mal, was sind eigentlich die vier großen Erfindungen Chinas?
> Zhang Ming: ...

Text B

Was Ingenieure in China verdienen

China boomt. Niedrige Personalkosten und ein riesiger Absatzmarkt locken vermehrt ausländische Investoren und Unternehmen ins Land des Lächelns. Inzwischen ist China auch für mittelständische Unternehmen als Standort interessant.

Doch dabei müssen sie sich gerade im Personalbereich einigen landesspezifischen Herausforderungen stellen. Zum einen gibt es einen immer größer werdenden Mangel an Fachkräften. Die meisten Unternehmen haben Probleme, genug qualifizierte Mitarbeiter zu finden. Hinzu kommen sehr komplexe Vergütungsstrukturen für Fach- und Führungskräfte.

Grundgehalt, Bonus, Zusatzleistungen: Das Vergütungssystem im Reich der Mitte ist komplex. Die Grundgehälter sind in China in allen Bereichen in den vergangenen sechs Jahren um durchschnittlich acht Prozent gestiegen, bei einem Anstieg des Bruttoinlandsprodukts um durchschnittlich 8,6%.

Das Grundgehalt ist in China jedoch nur eines von mehreren Bestandteilen der Gesamtvergütung. Hinzu kommen feste und freiwillige Bonusprämien sowie individuell vereinbarte Zusatzleistungen.

Das Gesamtgehalt eines Mitarbeiters kann das Grundgehalt zwischen 35% und 100% übersteigen. Gängige Leistungen sind ein fester Jahresbonus von einem Monatsgehalt, ein zusätzlich variabler Bonus von ein bis zwei Monatsgehältern, Beiträge zur Sozialversicherung sowie freiwillige Sozialleistungen wie eine zusätzliche Krankenversicherung oder Betriebsrenten.

Die Einstiegsgehälter für Ingenieure in China sind relativ niedrig und richten sich nach den verschiedenen Branchen und Hochschulabschlüssen. So erhält zum Beispiel ein

Neueinsteiger mit Bachelor-Abschluss in der Chemieindustrie ein durchschnittliches Grundgehalt von umgerechnet nur 5.060 Euro im Jahr. Als Master im Maschinenbau beträgt das Basissalär im Schnitt 8.144 Euro, während ein promovierter Physiker im Schnitt 13.124 Euro bekommt.

Das Jahresgesamtgehalt von Ingenieuren in der Automobilindustrie liegt zwischen umgerechnet 8.091 Euro für einen Werkzeugingenieur im Formenbau und durchschnittlich 24.291 Euro für einen Prozessmanager. In der chemischen Industrie hat ein Ingenieur für Produktentwicklung mit durchschnittlich 6.859 Euro das niedrigste Jahresgehalt, während der Engineering Manager mit 27.047 Euro das Spitzengehalt erhält. In der Hightech-Industrie bewegen sich die Jahresgesamtgehälter im Durchschnitt zwischen den 7.285 Euro eines Qualitätsingenieurs und den 20.406 Euro eines Leiters in der Netzwerktechnik oder Anwenderunterstützung.

Die höchsten Ingenieursgehälter werden in China in der Bauindustrie und im Engineering gezahlt. Das Jahresgesamtgehalt eines obersten leitenden Bauingenieurs beträgt dort im Schnitt 65.717 Euro. Ein leitender Bauingenieur verdient etwa 20.967 Euro im Jahr, und ein Contract Management Engineer mit dem niedrigsten Gehalt kommt immer noch auf 10.402 Euro.

(nach: https://www.sueddeutsche.de/karriere/gehaelter-was-ingenieure-in-china-verdienen-1.495522)

Aufgaben

1. Beantworten Sie die Fragen.

(1) Warum lockt China vermehrt ausländische Investoren und Unternehmen?

_____

(2) Woraus bestehen die gängigen Leistungen?

_____

(3) Welche Fakten können die Einstieggehälter von einem Ingenieur beeinflussen?

_____

(4) In welcher Branche bekommt man in China die höchsten Ingenieursgehälter?

_____

2. Was bedeuten *Grundgehalt, Bonus, Zusatzleistungen* im Text?

Grundgehalt

_____

Bonus

_____

Zusatzleistungen

_____

3. Bilden Sie Sätze.

Redewendung

sich nach ... richten

um ... % steigen

Satz

Hinzu kommen ... sowie ...

In ... bewegen sich ... im Durchschnitt zwischen ...

4. Sprechübung.

Sprechen Sie mit Ihrem Partner oder Ihrer Partnerin.

● Wie viel Geld möchten Sie als Einstiegsgehalt bekommen und warum?

■ Ich möchte…, weil ich …

denn ...

weil ...

so ...

deshalb ...

deswegen ...

Text **C**

Hochschulsystem in China

Text C Aufgabe 1

China verfügt über eine große Anzahl (2631) von staatlichen bzw. staatlich anerkannten Hochschulen, die sich in Forschung und Lehre auf ein Spezialgebiet beschränken, und über Volluniversitäten, die meist um die Jahrhundertwende herum gegründet wurden.

Gerade in der letzten Dekade hat China verstärkt das Hochschulsystem ausgebaut. Die Anzahl der Hochschulen wurde innerhalb dieses Zeitraums verdoppelt.

Ausländischen Studierenden stehen nicht alle Einrichtungen des Landes offen. Die sogenannten Schlüssellhochschulen, sie unterstehen direkt dem Bildungsministerium und nicht den Provinzregierungen, sind nahezu deckungsgleich mit den Hochschulen, an denen ausländische Studierende zugelassen werden (ca. 400).

Den größten Teil machen dabei die provinziell verwalteten Hochschulen aus. Direkt dem Bildungsministerium unterstellt sind nur 75 Hochschulen. Die Aufteilung der Hochschulen nach der verwaltenden Institution ist das Ergebnis der 1999 begonnenen Dezentralisierungsbestrebungen der chinesischen Regierung im Bildungsbereich. Neben den staatlichen Hochschulen konnten sich in den letzten Jahren eine große Zahl staatlich akkreditierter privater Hochschulen etablieren.

Studiensystem

Das Studienjahr in der Volksrepublik China ist in zwei Semester eingeteilt. Das Wintersemester ist das Hauptsemester, in dem die meisten Studierenden ihr Studium aufnehmen. Es beginnt im September und endet im Januar/Februar. Das Sommersemester beginnt im Februar/März und endet im Juli.

Im Zuge einer Bildungsreform hält zwar eine interaktive Unterrichtsform Einzug in die chinesischen Hochschulen, im Vergleich zu Deutschland ist die Lehrmethode jedoch immer noch stark verschult. Die Leistung wird anhand eines Punktesystems gemessen, das auch strikte Anwesenheitspflicht vorsieht. Die Kurse und Vorlesungen schließen fast alle mit einer Prüfung ab.

Das chinesische Studiensystem unterscheidet zwischen:

Undergraduate-Bereich

Die meist vierjährigen Bachelor-Studiengänge (in Ausnahmefällen auch fünf- und sechsjährig) führen zum Erwerb des akademischen Titels Xueshi.

Ebenfalls im Undergraduate-Bereich angesiedelt sind die Junior Colleges, die praxisorientierte zwei- bis dreijährige Studiengänge anbieten. Hier wird ein Teil des enormen Bedarfs an Fachkräften gedeckt.

Postgraduate-Bereich

Aufbauend auf die Bachelor-Studiengänge werden zwei- bis dreijährige Master-Studiengänge angeboten. Sie werden mit dem akademischen Grad Shuoshi abgeschlossen. Dazu müssen die nötigen credits nachgewiesen, eine Examensarbeit verfasst und erfolgreich verteidigt werden.

Ein dreijähriges Doktorandenstudium umfasst ebenfalls forschungsbegleitende Kurse und damit verbunden den Erwerb von credits. Das Verfassen der Dissertation und das Rigorosum sind weitere Voraussetzungen, um den Titel Boshi zu erwerben.

(nach: https://www.daad.de/de/laenderinformationen/asien/china/studieren-und-leben-in-china/)

Aufgaben

1. Richtig oder falsch, kreuzen Sie an.

	richtig	falsch
(1) In den letzten zehn Jahren wurden viele neue Hochschulen gegründet.	( )	( )
(2) Für die meisten Studenten beginnt ihr Studium im Wintersemester.	( )	( )
(3) Normalerweise dauert ein Bachelorstudium 5 Jahre in China.	( )	( )
(4) Das chinesische Wort Shuoshi bedeutet den Mastertitel.	( )	( )
(5) Als Doktorand braucht man keine Kurse zu besuchen.	( )	( )

2. Beantworten Sie die Fragen.

(1) Wann wurden die meisten Volluniversitäten gegründet?

_____

(2) Wie kann man Kurse und Vorlesungen in China abschließen?

_____

(3) Wie lange dauert ein Masterstudium in China?

_____

(4) Wie kann man in China den akademischen Titel Boshi erwerben?

_____

3. Bilden Sie Sätze.

> **Redewendung**
> sich in ... beschränken
> im Vergleich zu...
> **Satz**
> Den größten Teil machen dabei ... aus.
> Das ... sind weitere Voraussetzungen, um ... zu erwerben.

Text **D**

China: Weltmarktführer beim Bau von Atomkraftwerken

Text D Aufgabe 1

China ist inzwischen Weltmarktführer beim Bau von Kernkraftanlagen: Bis 2040 werden rund 130 neue Anlagen in Betrieb gehen, sagt die Internationale Energie Agentur (IEA). Kostenpunkt: 345 Milliarden US-Dollar.

Im Jahre 2012 haben laut Internationaler Energieagentur (IEA) die Kernkraftwerke weltweit rund elf Prozent des erzeugten Stroms geliefert. Derzeit verfügen alle Kernkraftwerke zusammen über eine Stromerzeugungskapazität von 392 Gigawatt. Die IEA geht davon aus, dass sie bis 2040 um rund 60% auf 624 Gigawatt steigt – durch den Neubau viele Kernkraftwerke in China, aber auch Korea, Indien und Russland. Es wird nicht nur sehr viel mehr, sondern auch sehr viel leistungsstärkere Anlagen geben.

Die IEA geht davon aus, dass China 2030 erstmals mehr Kernstrom als die Vereinigten Staaten erzeugen wird. Die beiden großen staatlichen chinesischen Produzenten von Kernkraftwerken, CNNC und CGNPC, drängen inzwischen zudem immer mehr in den Export. Auch in Europa wird es in absehbarer Zeit chinesische Kernkrafttechnik geben. In Großbritannien sind die chinesischen Produzenten beispielsweise Juniorpartner der französischen staatlichen EDF für den Bau neuer Kernkraftwerke auf den Britischen Inseln.

Die weltweit anstehenden Investitionen in Kernenergie erreichen einen gigantischen Umfang. Die IEA geht von 2013 Milliarden US-Dollar bis 2040 aus. Davon entfallen 1533 Milliarden Dollar auf Neubauten sowie 380 Milliarden Dollar auf Kapazitätserweiterungen bestehender Anlagen. Auf China allein entfallen in diesem Zeitraum 345 Milliarden Dollar für Neubauten und 132 Milliarden Dollar für Kapazitätserweiterungen.

Ungeachtet der hohen Investitionen, die moderne Kernkraftwerke bedingen, sowie der unverändert vielfach ablehnenden Haltung der Bevölkerung in zahlreichen Ländern sieht die IEA, wie jetzt ihr Chief Economist, Fatih Birol, in London vortrug, zwei Vorteile im Ausbau der Kernkraft-Stromerzeugung. Erstens ist das die auf diese Weise mögliche Reduzierung der CO_2-Emissionen. Birol nennt in diesem Zusammenhang die Kernkraft als gleichwertig mit den Erneuerbaren. Zweitens wird die Kernenergie als langfristig verlässlichste Stromquelle bewertet. Birol hob dabei darauf ab, dass es auch in London windstille Nächte gäbe, in denen weder Windturbinen noch Solaranlagen Strom produzierten.

(nach: https://www.ingenieur.de/technik/fachbereiche/energie/china-weltmarktfuehrer-bau-atomkraftwerken/)

Aufgaben

1. Wählen Sie die richtige Lösung aus.

(1) Die Kernkraftwerke weltweit liefern 11% ...

a. alle Energie in China.

b. alle Strom in China.

c. alle Strom auf der Welt.

(2) Im Jahr 2030 wird China ...

a. so viel Strom wie Amerika erzeugen.

b. mehr Strom als Amerika erzeugen.

c. mehr Strom als alle anderen Länder erzeugen.

(3) Der Bau neuer Kernkraftwerke auf den Britischen Inseln wird ...

a. von englischer Firma übernommen.

b. von französischer Firma übernommen.

c. von französischer Firma und chinesischer Firma übernommen.

(4) Wenn es in London windstille Nächte gäbe, ...

a. produziert Windturbinen Strom.

b. produziert Solaranlagen Strom.

c. produziert Kernkraftwerk Strom.

2. Bilden Sie Sätze.

Redewendung

Weltmarktführer bei ... sein

auf...abheben

Satz

Es ... nicht nur ..., sondern auch ...

... geht davon aus, dass ..., dass ... um ... Prozent auf ... steigt.

3. Laut dem Text gibt es folgende Argumente für das Kernkraftwerk:

- Reduzierung der CO_2-Emissionen

- langfristig verlässlichste Stromquelle

(1) Sprechen Sie mit Ihrem Partner oder Ihrer Partnerin darüber, ob Sie für oder gegen das Kernkraftwerk sind, und warum?

(2) Wie sieht es in Deutschland aus? Sprechen Sie in der Gruppe.

Teil 4 / Aufgabe

Im Sprachkurs hat Zhang Ming eine Aufgabe bekommen, über die technische Lage Chinas zu präsentieren. Zhang Ming hat einen Vortrag gehalten und der Vortrag beinhaltet folgende Infos:

(1) In welchem technischen Bereich ist sein Heimatland China Weltmarktführer?

(2) Welche Meisterwerke gibt es in China?

(3) Wie sieht dort die wirtschaftliche Lage in den technischen Branchen aus?

Evaluation

Bewerten Sie Ihren Lernerfolg mithilfe dieser Grafik. Auf jeder Achse sollen Sie einen Punkt auswählen und dadurch ein Viereck bilden wie im Beispiel.

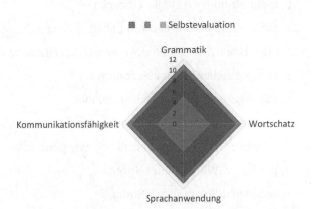

Glossar

Text Ⓐ

der	Baumeister, -		建筑大师
der	Zimmermann, die Zimmerleute		木匠
die	Dynastie, -n		朝代
	schmücken		装饰
das	Konfuzius		孔子
	angeblich	Adj.	所谓的
der	Anschlagwinkel		直角尺
die	Festungsmauer, -n		要塞城墙
die	Belagerung, -en		围攻
	existieren		存在
der	Prototyp, -en		原型
	kolportiert	Adj.	

der	Luftzug, Luftzüge		穿堂风
das	Phänomen		现象

Text **B**

die	Personalkosten		人工费用
der	Investor		投资者
	mittelständisch	Adj.	中层阶级的
das	Grundgehalt, Grundgehälter		基本工资
der	Bonus		津贴
das	Vergütungssystem, -e		奖金制度
	durchschnittlich	Adj.	平均的
das	Bruttoinlandsprodukt, -e		国内生产总值
die	Bonusprämien		奖金
	umgerechnet	Adj.	约合
	promoviert	Adj.	获得博士学位的
der	Prozessmanager, -		进程经理

Text **C**

	verfügen		占有，支配
	beschränken		限制
die	Volluniversität, -en		综合性大学
die	Dekade, -n		十年
die	Dezentralisierungsbestrebungen		权力下放
die	Lehrmethode, -n		教育策略
das	Punktesystem, -e		学分系统
	praxisorientiert	Adj.	实践导向的
	enorm	Adj.	巨大的
	nachweisen		证明
die	Dissertation, -en		博士论文
das	Rigorosum, die Rigorosen		博士答辩

Text D

der	Weltmarktführer		行业世界领先者
die	Kernkraftanlage, -n		核电站设备
das	Gigawatt		千兆瓦
der	Kernstrom		核电站产生的电能
	drängen		挤，压迫
	absehbar	Adj.	可预见的
der	Juniorpartner, -		次级伙伴
die	Investition, -en		投资
	gigantisch	Adj.	庞大的
die	Reduzierung, -en		减少
	gleichwertig	Adj.	同等价值的
die	Windturbine, -n		风力涡轮机

Lektion 10

Deutsche Ingenieure

Lernziel

◆ Sprachkenntnisse wie Adjektivdeklination und Indefinitpronomen *man* beherrschen

◆ Geschichte von deutschen Ingenieuren kennenlernen

◆ sich über Arbeitsbedingungen als Ingenieur in Deutschland Gedanken machen

◆ Kommunikationsfähigkeit und Teamfähigkeit erhöhen

Teil 1 / Einführung

Deutschland ist ein Land mit einer traditionellen Stärke in den Ingenieurwissenschaften. In Deutschland sind laut Statistik 1,6 Millionen Ingenieure erwerbstätig. Deutschland ist auch die Heimat wissenschaftlicher Wunderkinder, die moderne Welt revolutioniert haben，z.B.

Siemens und Einstein. Was wissen Sie noch über deutsche Ingenieure? Beantworten Sie folgende Fragen:

(1) Kennen Sie andere berühmte deutsche Ingenieure?

(2) Wie kann man in Deutschland Ingenieur werden?

(3) Welches Berufsbild hat Ingenieur in Deutschland?

Andere Fragen schreiben Sie auf.

_____

_____

_____

Tauschen Sie im Kurs die Ergebnisse mit Ihrem Partner oder Ihrer Partnerin aus.

Teil 2 / Wortschatz und Grammatik

1. Adjektivdeklination bei bestimmten Artikeln

(1) Deklination

	der	die	das	Pl
N	der alte Zug	die kleine Tasche	das neue Auto	die schönen Blumen
G	des alten Zugs	der kleinen Tasche	des neuen Autos	der schönen Blumen
D	dem alten Zug	der kleinen Tasche	dem neuen Auto	den schönen Blumen
A	den alten Zug	die kleine Tasche	das neue Auto	die schönen Blumen

(2) Anwendung

1) Der alte Zug fährt immer noch diese Strecke.

2) Wir feiern den Sieg der chinesischen Nationalmannschaft.

3) Der Taxifahrer hilft dem behinderten Passagier beim Einstieg.

4) Ihr Vater hat ihr das neue Kleid geschenkt.

✎ **Übung**

Ergänzen Sie bitte die richtigen Adjektivendungen!

A: Wie findest du den neu__ Campus in Anji?

B: Der neu__ Campus ist schön. Die modern__ Einrichtungen des neu__ Campus gefallen mir am besten.

A: Stimmt, und ich bin ganz zufrieden mit dem lecker__ Essen in der groß__ Mensa.

2. Adjektivdeklination bei unbestimmten Artikeln und Possessivpronomen

(1) Deklination

	der	die	das	Pl
N	ein alter Zug	eine kleine Tasche	ein neues Auto	meine schönen Blumen
D	einem alten Zug	einer kleinen Tasche	einem neuen Auto	meinen schönen Blumen
A	einen alten Zug	eine kleine Tasche	ein neues Auto	meine schönen Blumen

(2) Anwendung

1) Am Wochenende läuft im Kino ein deutscher Film.

2) Die Hauptfigur lebt in einem kleinen Dorf.

3) Es geht um eine wahre Geschichte im zweiten Weltkrieg.

✐Übung

Ergänzen Sie bitte die richtigen Adjektivendungen!

● Das ist mein alt__ Auto, ein klein__ VW Golf.

● Der sieht aber gut aus. Fährst du noch oft mit deinem alt__ Kerl.

● Manchmal noch, ich brauche für meine frech__ Söhne ein größer__ Modell.

3. Adjektivdeklination bei Nullartikel

(1) Deklination

	der	die	das	Pl
N	billiger Wein	warme Milch	kühles Bier	kalte Getränke
D	billigem Wein	warmer Milch	kühlem Bier	kalten Getränken
A	billigen Wein	warme Milch	kühles Bier	kalte Getränke

(2) Anwendung

1) Was hätten Sie gern? Grünen Tee oder Schwarzen Tee?

2) Schwarzer Tee gefällt mir besser.

3) Weißt du, man isst in Deutschland Kekse mit schwarzem Tee.

Ergänzen Sie bitte die richtigen Adjektivendungen!

(1) Chinesen bevorzugen warm__ Wasser, während Deutsche fast nur kühl__ Wasser trinken.

(2) Müsli schmeckt mit kal__ Milch besser.

(3) Heute spielt deutsch__ Fußballmannschaft gegen chinesisch__ Fußballmannschaft.

4. Indefinitpronomen man

N	man
D	einem
A	einen

(1) In der Ausstellung sieht man Modernes und Antikes nebeneinander.

(2) Man soll das machen, was einem gefällt.

Füllen Sie bitte die Lücken mit _man, einem, einen_ aus.

(1) Wenn _____ Ingenieur werden möchte, muss _____ studieren.

(2) Wenn _____ ihn mal braucht, lässt er _____ im Stich.

(3) Wenn _____ sich nicht selbst hilft, hilft _____ niemand.

5. Temporalsatz mit _bevor_

(1) Bevor man nach Deutschland fährt, muss man das Visum beantragen.

(2) Bevor Karl Benz das Auto erfunden hat, waren die Leute mit Kutsche unterwegs.

说明：bevor引导的从句与主句的时态没有明确要求，可以一致或不一致。

Verbinden Sie Sätze mit _bevor_.

(1) Er ist durch die ganze Welt verreist. Er studiert Bauingenieurwesen.

_____

(2) Er hat eine eigene Firma gegründet. Er hat als Gruppenleiter gearbeitet.

_____

Text **A**

Wie wird man in Deutschland Ingenieur?

Wer die Berufsbezeichnung „Ingenieur" trägt, befasst sich mit der anwendungsorientierten Forschung, der praktischen Entwicklung und Konstruktion sowie der Produktion technischer Komponenten und Produkte. Dabei gibt es viele Spezialgebiete, auf die sich ein Ingenieur fokussieren kann, beispielsweise das Bauingenieurswesen oder die Elektrotechnik.

Für den Berufseinstieg als Ingenieur in Deutschland ist ein Studium der Ingenieurwissenschaften Grundvoraussetzung. Der Studiengang Ingenieurwesen wird an unterschiedlichen Hochschulen angeboten, dazu zählen Universitäten, Technische Hochschulen, Fachhochschulen, Private Hochschulen oder Berufsakademien. Eine weitere Alternative ist ein Fernstudium. Als Zulassungsbeschränkung fordern einige Ausbildungsstätten von Studenten ohne Berufserfahrung ein Vorpraktikum von mehreren Wochen. Einzelne von ihnen bieten die Möglichkeit, die geforderte praktische Erfahrung im ersten Semester nachzuholen.

Ingenieurwesen ist unterteilt in vielen verschiedenen und interessanten Bereiche.

Die klassischen Studiengänge sind:

Anlagenbau

Bauingenieurwesen

E-Technik

Maschinenbau

Verfahrenstechnik

(Wirtschafts-)Informatik

Wirtschaftsingenieurwesen

Für diejenigen, die wissen in welchem speziellen Bereich sie später tätig sein möchten, gibt es an einigen Hochschulen spezialisierte Studiengänge. Wie zum Beispiel:

Luft- und Raumfahrttechnik

Geotechnik

Automatisierungstechnik

Biotechnologie

Robotik

Medieninformatik

Medizintechnik

Bevor man sich als Ingenieur bezeichnen darf, vergehen einige Ausbildungsjahre. Man benötigt mindestens einen Bachelorabschluss, um diese Beschäftigung ausüben zu dürfen. Die Dauer dafür beträgt in der Regel 6-7 Semester. Danach erhalten Absolventen*innen den Titel Bachelor of Science (B.Sc.) oder Bachelor of Engineering (B.Eng.).

Wer nach diesem Abschluss nicht gleich ins Berufsleben starten möchte, kann sich im Masterstudiengang mehr Wissen erwerben. So kann in der Arbeitswelt höher auf der Karriereleiter eingestiegen werden oder im wissenschaftlichen Unibetrieb weiterzuarbeiten. Hierfür muss man zusätzliche 2-4 Semester studieren.

Wer in der Ausbildung eine gute Qualifikation in Theorie, sowie Praxis erwerben möchte, kann über ein duales Ingenieur Studium nachdenken, bei dem man von Anfang an Geld verdient. Ähnlich ist es in der Berufsakademie. Hier werden praktischer und theoretischer Teil ebenfalls miteinander kombiniert. Jedoch verleihen einzelne von ihnen nur einen staatlichen Abschluss (BA), was bedeutet, dass es kein akademischer Studienabschluss ist.

Doch egal für welche Hochschule sich jemand entscheidet, das Ingenieurstudium darf nicht unterschätzt werden. Es ist anspruchsvoll und hat mit 50% die höchste Abbruch- und Wechselquote. Dafür werden die Absolventen*innen am Ende belohnt. Denn durch den derzeitigen Fachkräftemangel, ist ein Job nach dem Abschluss so gut wie garantiert.

Nirgends anders ist die Arbeitslosenquote so niedrig wie in diesem Beruf (unter 3%). Zudem ist ein Abschluss in Ingenieurwesen national, wie auch international sehr hoch angesehen. So stehen Ingenieuren, unabhängig in welchem Bereich dieser tätig ist, die Welt sprichwörtlich offen steht.

(nach: https://www.progressiverecruitment.com/de-de/blog/2018/08/alles-rund-um-den-ingenieurberuf/)

Aufgaben

1. Richtig oder falsch, kreuzen Sie an.

	richtig	falsch
(1) Bauingenieurwesen und Elektrotechnik sind Spezialgebiete der Ingenieure.	( )	( )
(2) Um Ingenieur zu werden, muss man in Deutschland studieren.	( )	( )

(3) Der Masterstudium für einen Ingenieur dauert 6-7 Semester.   (   )   (   )

(4) Als Absolvent eines Ingenieurstudiums findet man leicht einen Job.   (   )   (   )

2. Beantworten Sie die Fragen.

(1) Wo kann man Ingenieurwesen studieren?

_____

(2) Welche spezialisierten Studiengänge gibt es für das Ingenieurstudium? Nennen Sie mindestens drei Beispiele.

_____

(3) Was könnte ein Masterstudium einem bringen?

_____

(4) Welche Besonderheiten hat ein duales Ingenieur Studium?

_____

3. Bilden Sie Sätze.

Redewendung

sich mit ... befassen   über ... nachdenken

Satz

Bevor man sich als ... bezeichnen darf, vergehen ...

Doch egal für welche ... sich jemand entscheidet, ... darf nicht unterschätzt werden.

4. Sprechübung.

Boris und Alex sind Schulkameraden. Beide wollen später Ingenieure werden. Es gibt folgende Möglichkeiten für ein Studium: Universitäten, Technische Hochschulen, Fachhochschulen, Private Hochschulen, Berufsakademien und Fernstudium. Darüber machen die beiden einen Dialog.

Boris: Alex, ich finde, ein Fernstudium ...

Alex: ...

Text **B**

Deutsche Ingenieure und deren Erfindungen

Deutsche Ingenieure haben schon immer mit innovativen Ideen zum Fortschritt der Menschheit beigetragen. Mit unermüdlichem Einsatz haben die Genies ihre bahnbrechenden Erfindungen weiterentwickelt und zum richtigen Zeitpunkt der Öffentlichkeit vorgestellt.

Viele wurden damit reich und weltberühmt.

Werner von Siemens

Der visionäre Erfinder Werner von Siemens wurde am 13.12.1816 in Lenthe geboren. Sein Leben endete am 06.12.1892 in Berlin. Um seinen Lebensunterhalt zu verdienen, entwickelte er zunächst kleine Gegenstände wie den Dampfmaschinenregler und den Zeigertelegrafen. Er revolutionierte er die Telegrafentechnik. Außerdem erfand er den elektrischen Generator und ermöglichte mit seiner Dynamomaschine, dass elektrische Energie nutzbar gemacht werden konnte. Im Jahr 1879 präsentierte Werner Siemens der Öffentlichkeit zwei weitere Erfindungen: die erste Straßenbeleuchtung und die erste elektrische Eisenbahn. 1881 wurde die erste elektrische Straßenbahn der Welt eröffnet.

Karl Benz

Geboren wurde er am 25.11.1844 als Karl Friedrich Michael Vaillant in Mühlburg. Am 04.04.1929 ist er in Ladenburg gestorben. Er bereicherte die Welt der Automobile mit vielen Ideen und Patenten. 1878/79 entwickelte er einen verdichtungslosen Zweitaktmotor. Zu seinen berühmtesten Erfindungen gehört der Benz Patent-Motorwagen Nummer 1 aus dem Jahr 1885, der als erstes praxistaugliches Automobil galt.

Robert Bosch

August Robert Bosch erblickte am 23.09.1861 in Albeck bei Ulm das Licht der Welt. Er lebte bis zum 12.03.1942, als er in Stuttgart starb. Berühmt wurde Robert Bosch als Industrieller, Ingenieur und Erfinder. Im Jahr 1886 eröffnete er die Stuttgarter Werkstätte für Feinmechanik und Elektrotechnik, aus der später die erfolgreiche Robert Bosch GmbH wurde. 1887 konnte er einen von Siegfried Marcus patentierten Magnetzünder verbessern, der aus der Maschinenfabrik Deutz stammte. Es war ein wichtiger wirtschaftlicher Erfolg im Bereich der *stationär*en Gasmotoren. Mit dem Apparat wurden elektrische Funken erzeugt, die das Gasgemisch in einem Verbrennungsmotor zur Zündung brachten.

Konrad Zuse

Der Bauingenieur, Erfinder und Unternehmer Konrad Ernst Otto Zuse wurde am 22.06.1910 in Berlin geboren. Der 18.12.1995 war sein Todestag. Während seiner Arbeit bei den Henschel Flugzeugwerken baute er Maschinen, die Rechenprobleme lösen konnten. 1936 gab er seine Stelle auf, um völlig neue Ideen zu realisieren. Er wollte frei programmierbare Maschinen entwickeln, die Ingenieuren das Rechnen abnehmen sollten. 1938 war seine Rechenmaschine Z1 fertig, die allerdings nicht einwandfrei lief. Es folgte das Modell Z2, das mit einem elektronischen Rechenwerk aus Telefonrelais ausgestattet war. Im Jahr 1941 war es endlich soweit: Konrad Zuse baute den ersten funktionstüchtigen Computer der Welt, der vollautomatisch, programmgesteuert und frei programmierbar war. Der Z3 arbeitete in binärer Gleitkommarechnung.

Carl von Linde

Am 11.06.1842 wurde Carl von Linde in Berndorf bei Thurnau geboren. Sein Todestag war der 16.11.1934. Der deutsche Erfinder und Ingenieur gilt als Pionier der Kälte- und Tieftemperaturtechnik. 1873 erfand er eine *genial*e Kältemaschine, mit der Eis für Brauereien erzeugt wurde. Mit der Methyläther-Eismaschine wurde der Grundstein für den Kühlschrank gelegt. 1876 baute Carl von Linde einen Ammoniak-Kühlapparat, der mit einem Dampfkompensator betrieben wurde. 1902 schaffte er es, Luft in Stickstoff und Sauerstoff zu zerlegen.

(nach: https://www.ingenieur.de/technik/fachbereiche/rekorde/13-beruehmte-deutsche-ingenieure-und-ihre-noch-bekannteren-erfindungen/#siemens)

Aufgaben

1. Füllen Sie die Lücken aus.

Name	Geburtsdatum	Geburtsort	Erfindungen
Werner von Siemens			
		Albeck	
	23.09.1861		
			Computer
Carl von Linde			

2. Was bedeuten stationär, einwandfrei und genial im Text?

stationär _____

einwandfrei _____

genial_____

3. Bilden Sie Sätze.

Redewendung

zu ... beitragen

... der Öffentlichkeit vorstellen

... zur Zündung bringen

Satz

... erblickte am ... in ... das Licht der Welt.

Mit ... wird der Grundstein für ... gelegt.

4. Sprechübung.

Sprechen Sie mit Ihrem Partner oder Ihrer Partnerin.

● Welche Erfindung von deutschen Ingenieuren hat die Welt am stärksten verändert?

■ Ich bin der Meinung, dass ...

Beispiel:

Ich bin der Meinung, dass die Erfindung Auto die Welt am stärksten verändert hat, denn ohne Auto können wir nur in einer kleinen Reichweite bewegen...

Text C

Die Verbände im Überblick

Text C Aufgabe 1

Ingenieure in Deutschland gehören zu unterschiedlichen Verbänden. Sie zählen zu den wichtigsten Organisationen für Ingenieure, wie zum Beispiel VDI. Seit mehr als 167 Jahren gibt der VDI – Verein Deutscher Ingenieure e.V. wichtige Impulse für neue Technologien und technische Lösungen und sorgt so für mehr Lebensqualität, eine bessere Umwelt und mehr Wohlstand. In dem folgenden Text gewinnen wir einen Überblick über solche Verbände.

VDI – Der Verein Deutscher Ingenieure e.V. (VDI) bezeichnet sich selbst als Sprecher der Ingenieure und der Technik und hat rund 155.000 persönliche Mitglieder. Der Verein ist eine Plattform des Austausches für seine Mitglieder, repräsentiert ihre Interessen in der Politik und erarbeitet mit ihnen technische Richtlinien. Gegründet wurde der VDI weit bevor es ein einheitliches Deutsches Reich gab, Mitte des 19. Jahrhunderts, im Jahr 1856. Im selben Jahr beendet der Friede von Paris den Krimkrieg zugunsten des Osmanischen Reiches und die Firma Krupp in Essen richtet eine Betriebskrankenkasse für ihre Arbeiter ein.

VDE – Der Verband der Elektrotechnik, Elektronik und Informationstechnik e.V. (VDE) vertritt nach eigenen Angaben 1.300 Unternehmen und 34.700 Personen. Er bietet eine Plattform für Wissenschaft, Normung sowie Produktprüfung und setzt sich für den Verbraucherschutz, die Forschungs- und Nachwuchsförderung ein. Gegründet wurde der Verein 1893, dem Jahr, in dem das gesamte Deutsche Reich eine einheitliche Uhrzeit bekam, an der sich die Eisenbahnen orientieren konnten.

VDMA – Der Verband Deutscher Maschinen- und Anlagenbau e.V. (VDMA) vertritt nach eigenen Angaben über 3.200 vorrangig mittelständische Unternehmen der Investitionsgüterindustrie. Die deutsche Maschinenbaubranche ist der größte Industriezweig in Deutschland und beschäftigt rund 1 Million Menschen. Die produzierten Güter gehen zu 77% in den Export. Im vergangenen Jahr setzte der Maschinenbau 220 Milliarden Euro um. Gegründet wurde der VDMA 1892. Einem Jahr, in dem in den USA die Rolltreppe patentiert wurde und in Hamburg die letzte Cholera-Epidemie Deutschlands wütete.

ZVEI – Der Zentralverband Elektrotechnik- und Elektronikindustrie e.V. (ZVEI) vertritt nach eigenen Angaben 1.600 Unternehmen der Elektroindustrie. Die Branche beschäftigt in Deutschland rund 849.000 Menschen und erzielte im Jahr 2016 einen Umsatz von 179 Milliarden Euro. Gegründet wurde der ZVEI erst im 20. Jahrhundert, zum Ende des Ersten Weltkrieges 1918 unter dem damaligen Staatsoberhaupt Kaiser Wilhelm II.

(nach: https://www.ingenieur.de/wirtschaft/wie-ingenieure-2030-arbeiten/)

Aufgaben

1. Richtig oder falsch, kreuzen Sie an.

	richtig	falsch
(1) Als der Verband VDI gegründet wurde, gab es noch kein einheitliches Deutschland.	( )	( )
(2) Als der Verband VDE gegründet wurde, gab es noch keine Eisenbahn.	( )	( )
(3) VDMA hat über eine Million Mitglieder.	( )	( )
(4) Der Kaiser Wilhelm II hat ZVEi gegründet.	( )	( )

2. Beantworten Sie die Fragen.

(1) Was ist im Jahr 1856 passiert?

(2) Welche Aufgaben hat der Verband VDE?

(3) Wie ist die wirtschaftliche Lage der Maschinenbaubranche?

(4) Wann wurde ZVEI gegründet?

3. Bilden Sie Sätze.

> **Redewendung**
>
> zu ... zählen   sich als ... bezeichnen
>
> sich für ... einsetzen   sich an ... orientieren
>
> **Satz**
>
> In dem folgenden Text gewinnen wir einen Überblick über ...
>
> ... ist der größte ... in Deutschland und beschäftigt ... Menschen.

Text **D**

Verdient ein deutscher Ingenieur gut?

Text D Aufgabe 1

Wo verdient man am besten als Ingenieur? Um diese Frage zu beantworten gibt es eine Umfrage. Das Ergebnis lautet, für Nachwuchsingenieure lohnt sich der Gang in Ausland: In Großbritannien, Amerika und der Schweiz liegen die Gehälter höher als hier.

Deutsche Ingenieure verdienen im internationalen Vergleich relativ gut. Nur in den Vereinigten Staaten, in Großbritannien, der Schweiz und in Kanada liegen beispielsweise die Einstiegsgehälter für Ingenieure höher als hierzulande. Dagegen verdienen Berufseinsteiger in vielen osteuropäischen Ländern erheblich weniger als ihre deutschen Kollegen. Ein bulgarischer Ingenieur erhält beispielsweise nur 20% der Vergütung eines deutschen Ingenieurs als Einstiegsgehalt.

Auch für Ingenieure gilt: Wirklich gutes Geld verdient man vor allem in Führungspositionen. „In der Fachlaufbahn kommt man über das Gehalt eines Gruppenleiters nur selten hinaus", sagt Christian Näser, Vergütungsexperte bei der Managementberatung Kienbaum. Im Rahmen einer Fachlaufbahn verdienen Ingenieure zwischen 45.000 und 80.000 Euro. Wer dagegen eine Leitungsposition anstrebe, könne als Ingenieur

Einstiegsgehälter für Ingenieure

Deutschland = 100

Großbritannien	113
Vereinigte Staaten	112
Schweiz	109
Kanada	103
Deutschland	100
Frankreich	97
Italien	87
Österreich	83
Schweden	81
Spanien	80
Polen	66
Tschechische Rep.	52
China	40
Indien	26
Bulgarien	20

Quelle: Kienbaum Untersuchung 2006   F.A.Z.-Grafik Walter

Jahresentgelte von 400.000 Euro und mehr erreichen.

Insgesamt betrachtet, macht sich die Knappheit an Ingenieuren nun auch auf deren Gehaltszettel bemerkbar. Zwischen 3,5 und 4 Prozent seien die Bezüge im laufenden Jahr gestiegen, heißt es bei Kienbaum. Dabei verdienen sie im technischen Vertrieb am besten. Laut Kienbaum-Studie erhalten Ingenieure dort im Schnitt zwischen 60.000 und 80.000 Euro. In der Entwicklung und in der Fertigung sieht es dagegen etwas schlechter aus. In der Entwicklungsabteilung erhält ein Ingenieur zwischen 50.000 und 70.000 Euro, sein Kollege in der Fertigung erhält zwischen 45.000 und 60.000 Euro. In Spitzenpositionen gäbe es dagegen kaum Unterschiede zwischen diesen Einsatzfeldern, heißt es in der Kienbaum-Studie weiter. Geschäftsführer im Vertrieb und in der Entwicklung kommen auf durchschnittlich bis zu 400.000 Euro, in der Fertigung auf 360.000 Euro.

(nach: https://www.faz.net/aktuell/karriere-hochschule/campus/verguetung-deutsche-ingenieure-verdienen-im-ausland-besser-1382301.html)

Aufgaben

1. Wählen Sie die richtige Lösung aus.

(1) Deutsche Ingenieure verdienen ...

a. besser als die Ingenieure in den USA.

b. so gut wie die Ingenieure in den USA.

c. schlechter als die Ingenieure in den USA.

(2) 400.000 Euro ...

a. könnte ein normaler Ingenieur in Deutschland verdienen.

b. könnte ein Gruppenleiter in Deutschland verdienen.

c. könnte ein Ingenieur in der Leitungsposition in Deutschland verdienen.

(3) In der Entwicklungsabteilung verdient man normalerweise ...

a. besser als in der Fertigung.

b. besser als im technischen Vertrieb.

c. schlechter als in der Fertigung.

(4) Laut Statistik zählt ein deutscher Ingenieur ...

a. zu den gut bezahlten Gruppen.

b. zu den mittel bezahlten Gruppen.

c. zu den schlecht bezahlten Gruppen.

2. Bilden Sie Sätze.

> **Redewendung**
> sich lohnen   insgesamt betrachtet, ...
> **Satz**
> In ... kommt man über ... nur selten hinaus ...
> In ... gäbe es dagegen kaum Unterschiede zwischen ...

3. Laut dem Text gibt es folgende Tipps für einen höheren Einstiegsgehalt als Ingenieur:

- sich um eine Leitungsposition bemühen

- in Großbritannien arbeiten

- in Amerika arbeiten

- in Kanada arbeiten

- in der Schweiz arbeiten

(1) Sprechen Sie mit Ihrem Partner oder Ihrer Partnerin darüber, wie man als Ingenieur mehr verdienen kann.

(2) Wie sieht es in China aus? Stimmt das, dass man in China anfangs durchschnittlich nur 40% des Einstiegsgehalts eines deutschen Ingenieurs bekommt?

Teil 4 / Aufgabe

Im Sprachkurs hat Zhang Ming eine Aufgabe bekommen, über die technische Lage Deutschlands zu präsentieren. Zhang Ming hat einen Vortrag gehalten und der Vortrag beinhaltet folgende Infos:

(1) In welchem technischen Bereich ist Deutschland Weltmarktführer?

(2) Welche Meisterwerke gibt es in Deutschland?

(3) Wie sieht die wirtschaftliche Lage in den technischen Branchen aus?

Evaluation

Bewerten Sie Ihren Lernerfolg mithilfe dieser Grafik. Auf jeder Achse sollen Sie einen Punkt auswählen und dadurch ein Viereck bilden wie im Beispiel.

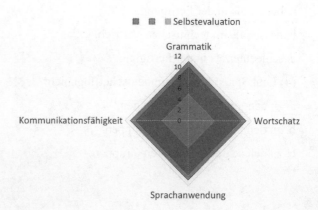

Glossar

Text Ⓐ

die	Komponente, -n		组成部分
	fokussieren		聚焦
die	Fachhochschule, -n		应用科技大学
die	Alternative, -n		另一种可能
das	Fernstudium, -		远程大学
die	Zulassungsbeschränkung		录取限制
die	Geotechnik		岩土工程
die	Robotik		机器人制造技术
	miteinander	Adv.	互相
	unterschätzen		低估
	anspruchsvoll	Adj.	要求高的
die	Abbruchquote, -n		中断学业率
die	Arbeitslosenquote, -n		失业率

Text Ⓑ

	unermüdlich	Adj.	不知疲倦的
	visionär	Adj.	富有想象力的
der	Zeigertelegrafen		自动电报机
	revolutionieren		革命
der	Motorwagen, -		汽车
	praxistauglich	Adj.	实际可用的
	binär	Adj.	二进制的
die	Gleitkommarechnung		浮点计算
der	Pionier, -e		先锋
der	Methyläther		甲醚
der	Dampfkompensator		蒸汽平衡器
der	Stickstoff		氮气
der	Sauerstoff		氧气
	zerlegen		分解

Text **C**

der	Verband, Verbände		协会
der	Impuls, -e		脉搏，脉动
der	Industriezweig, -e		工业部门
der	Export		出口
die	Rolltreppe, -n		自动扶梯
	erzielen		得到，达到
der	Umsatz, Umsätze		销售额
der	Weltkrieg		世界大战
	damalig	Adj.	曾经的
das	Staatsoberhaupt		国家元首
der	Kaiser, -		皇帝

Text **D**

die	Umfrage, -n		问卷
die	Großbritannien		大不列颠
	hierzulande	Adv.	本地，此地
	osteuropäisch	Adj.	东欧的
	erheblich	Adj.	明显的
	bulgarisch	Adj.	保加利亚的
die	Knappheit		简洁
	bemerkbar	Adj.	可被感觉到的
der	Geschäftsführer, -		经理，企业负责人

Lektion 11
Ingenieure in der Zukunft

Lernziel

◆ Sprachkenntnisse wie Reflexiverben und Temporalsatz mit *nachdem* beherrschen

◆ die zukünftigen Chancen und Herausforderungen von Ingenieuren kennenlernen

◆ sich über die Verantwortung von Ingenieuren Gedanken machen

◆ Kommunikationsfähigkeit und Teamfähigkeit erhöhen

Teil 1 / Einführung

Technologien entwickeln sich heutzutage so rasant. Einige von ihnen haben das Potenzial, unsere Gesellschaft umfassend zu verändern: etwa autonomes Fahren, Blockchain, Immuntherapie und die künstliche Intelligenz. Im Zuge der technischen Transformation wandeln sich Berufsbilder. Für Ingenieure gibt es zum Beispiel einige neue Jobs mit guten Zukunftsperspektiven. Beantworten Sie folgende Fragen:

(1) Kennen Sie neue Jobs für Ingenieure?

(2) Welche neue technische Entwicklung hat Ihr Leben am stärksten verändert?

(3) Welche Herausforderung stellt die neue technische Entwicklung Ingenieuren?

Andere Fragen schreiben Sie auf.

_____

_____

_____

Tauschen Sie im Kurs die Ergebnisse mit Ihrem Partner oder Ihrer Partnerin aus.

Teil 2 / Wortschatz und Grammatik

1. Reflexiv gebrauchte Verben

(1) Reflexivpronomen

	D	A
ich	mir	mich
du	dir	dich
er/sie/es	**sich**	**sich**
wir	uns	uns
ihr	euch	euch
sie	**sich**	**sich**
Sie	**sich**	**sich**

(2) Anwendung

1) Er kauft seinem Kind ein neues Auto.

Er kauft sich ein neues Auto.

2) Ich wünsche dir alles Gute.

Er wünsche sich gute Karriere.

说明：可反身动词既可以接其他名词和代词，又可以接反身代词。当主语和宾语为同一人或物时，接反身代词。

✍**Übung**

Ergänzen Sie die passenden Reflexivpronomen.

(1) An seinem Geburtstag bestellt er ____ eine große Torte.

(2) A: Magst du chinesisches Essen?

    B: Ja, ich koche ____ oft chinesisch.

2. Reflexive Verben

(1) Er **bewirbt sich** gerade um einen Studienplatzt in München.

(2) Du musst **dich beeilen**, der Unterricht fängt gleich an.

说明：反身动词中，动词和反身代词是一个整体，不可拆分。

✎Übung

Bilden Sie Sätze mit reflexiven Verben.

(1) sich verabreden

_____.

(2) sich verlieben

_____.

(3) sich bedanken

_____.

3. Reziproke Verben

Wir **kennen uns** schon seit der Studienzeit.

In China ist es üblich, dass die Leute **sich** beim Essen **unterhalten**.

说明：交互反身动词使用时表示行为具有相互性，主语为复数。

✎Übung

Bilden Sie Sätze mit reziproken Verben.

(1) sich streiten

_____.

(2) sich treffen

_____.

(3) sich verstehen

_____.

4. Temporalsatz mit *nachdem*

(1) Nachdem man die Test-Daf Prüfung bestanden hat, kann man erst in Deutschland studieren.

(2) Nachdem er fleißig geübt hat, ist seine Aussprache viel besser geworden.

说明：nachdem主从句中的主句时态必须比从句晚，即在完成了主句的行为后，开始从句的行为。

✏️ **Übung**

Verbinden Sie Sätze mit *nachdem*.

(1) Ich habe in Berlin studiert. Ich arbeite bei einer deutschen Firma.

_____

(2) Er hat lange gespart. Er kauft sich eine eigene Wohnung.

_____

Teil 3 / Texte

Text Ⓐ

Text A Aufgabe 1

Diese Innovationen werden die Zukunft prägen

Neue 3D-Sensoren, moderne Infotainment-Systeme für das veränderte Nutzerverhalten, E-Autos mit Solarzellen und drahtloses Batteriemanagement für Elektro-Fahrzeuge – die Hersteller nutzen auch die virtuelle CES（Consumer Technology Association）und zeigen ihre neuen Produkte.

Neue 3D-LiDAR-Sensoren für Rundum-Blick des Fahrzeugs

Der LiDAR-Hersteller Blickfeld präsentiert seine beiden Sensoren, den Blickfeld Vision Mini und Vision Plus. Der Blickfeld Vision Mini ist ein kompakter 3D-LiDAR-Sensor, der beispielsweise in Außenspiegeln, Scheinwerfern, Rückfahrleuchten sowie in A-, B- und C-Säulen integriert werden kann. Das ermöglicht einen 360-Grad-Rundum-Blick. Der Sensor bietet ein Sichtfeld von bis zu 107 Grad und erkennt Fahrzeuge in einem Abstand von bis zu 150 Metern. Damit könne er zuverlässige Daten für das automatisierte und autonome Fahren im Stadtverkehr liefern, so der Hersteller. Der Blickfeld Vision Plus sei für den Einsatz nach vorne und hinten im Fahrzeug vorgesehen und decke die Erkennung von kleinen Objekten in bis zu 200 Metern Entfernung ab. In Kombination könnten beide Sensoren eine Automatisierung von Level 2+ und aufwärts ermöglichen.

Mercedes-Benz neues Infotainment setzt auf OLED-Displays und künstliche Intelligenz

Auch Mercedes-Benz nutzt die CES und stellt ihr neues Infotainment-System MBUX Hyperscreen vor, das digitales und analoges Design miteinander verbindet. Zentrales Element ist ein 141 Zentimeter breiter Bildschirmband, in das mehrere OLED-Displays und

Lüftungsdüsen integriert werden. Für Fahrer und Beifahrer gibt es jeweils einen eigenen Anzeige- und Bedienbereich. Mercedes-Benz präsentiert dabei auch eine neue Farbwelt in Blau und Orange, in der alle Grafiken gestaltet sind. Im Hintergrund setzen die Entwickler auf künstliche Intelligenz, die das System kontextsensitiv gestalten soll. Das heißt: Informationen und Funktionen werden nur bei Bedarf angezeigt oder angeboten.

Drahtloses Batteriemanagement-System

In einem cleveren Batteriemanagement sehen viele Experten die Zukunft. Es soll die Reichweite erhöhen und mehr Daten zu den Batterien liefern. Das Unternehmen Texas Instruments stellt auf der CES ein drahtloses Batteriemanagement-System vor. Es soll dabei helfen, Gewicht und Effizienz von E-Autos zu verringern. Schließlich verzichte es auf die Verkabelung und setze auf ein kabelloses Kommunikationsprotokoll, das eigens dafür entwickelt worden sei. Hinzu kämen besondere elektronische Chips. Die Kombination ermögliche es, alle Daten „wireless" auszulesen. Der unabhängige Prüfdienstleister TÜV Süd habe die Sicherheit des Systems bestätigt.

Solarzellen für E-Autos

Die Sonne soll für mehr Reichweite bei E-Autos sorgen. So die Idee des deutschen Start-ups Sono sowie der niederländischen Firma Lightyear. Sono stellt auf der CES den Prototyp des Modells Sion vor. Die Besonderheit: In der gesamten Karosserie sind Solarmodule integriert. Herrschen ideale Bedingungen, soll dies pro Tag bis zu 34 Kilometer Reichweite zusätzlich bringen. Das Unternehmen Lightyear gab an, den Lightyear One Ende 2021 auf den Markt zu bringen. Bei ihm wird die Dachfläche genutzt, sie böte Platz für fünf Quadratmeter Solarmodule und damit 215 Watt mehr Leistung. Sogar der japanische Hersteller Toyota will für den Prius, ein Plug-in-Hybrid, ein Solardach anbieten. Bei einer täglichen Ladedauer von 5,8 Stunden bedeute dies 1300 zusätzliche Kilometer im Jahr. Experten bezweifeln die Effizienz von Solartechnik am Auto. Schließlich seien die Dächer meist gekrümmt, was eine schlechtere Sonneneinstrahlung bedeute. Auch müsse der Fahrer möglichst ohne Schatten im Freien parken und die Energie auch für das Auto nutzbar sein. Darauf habe Sion nach eigenen Angaben explizit geachtet und das Auto auf das Laden mit Solarstrom ausgelegt. Busse und Lkw könnten sich eventuell eher für Solarmodule eignen, da sie große und gerade Dächer haben.

(nach: https://www.ingenieur.de/technik/fachbereiche/verkehr/diese-innovationen-werden-die-zukunft-praegen/)

Aufgaben

1. Richtig oder falsch, kreuzen Sie an.

	richtig	falsch
(1) Mit dem neuen 3D-Sensor kann das Fahrzeug Sachen in einer Entfernung bis zu 150 Metern erkennen.	( )	( )
(2) Das Infotainment-System MBUX bietet dem Fahrer einen Anzeige- und dem Beifahrer einen Bedienbereich an.	( )	( )
(3) Ein Ziel des drahtlosen Batteriemanagement-Systems ist die Verlängerung der Reichweite.	( )	( )
(4) Im Vergleich zu Bussen und Lkws ist das Auto mehr geeignet für Solarmodule.	( )	( )

2. Beantworten Sie die Fragen.

(1) Welche Funktion hat der Blickfeld Vision Plus?

_____

(2) Was ist das zentrale Element von MBUX?

_____

(3) Welche Vorteile hat das drahtloses Batteriemanagement-System?

_____

(4) Warum bezweifeln Experten die Effizienz von Solartechnik am Auto?

_____

3. Bilden Sie Sätze.

Redewendung

... miteinander verbinden   ... zu ... liefern

für ... bei ... sorgen

Satz

... könnten sich eventuell eher für ... eignen, da sie ... haben.

4. Sprechübung.

Zhang Ming und Thomas sind auf der Suche nach einem neuen Auto. Zhang Ming möchte gern einen Benziner kaufen, ein Benziner kann schnell getankt werden und kostet weniger. Thomas hat jedoch eine Zuneigung für E-Autos. Denn es ist umweltfreundlicher und der Preis für Benzin ist ziemlich hoch jetzt. Darüber machen die beiden einen Dialog.

> Zhang Ming: Thomas, ich finde, ein Benziner wäre das richtige…
>
> Thomas: …

Text **B**

„Jeder Ingenieur ist wichtig, um den Klimawandel zu realisieren"

Volker Quaschning, Ingenieurwissenschaftler und Professor für Regenerative Energiesysteme an der Hochschule für Technik und Wirtschaft in Berlin, setzt sich für den Klimawandel ein – nicht nur als Wissenschaftler, sondern auch über die sozialen Medien. Zudem ist er Mitbegründer der „Scientists for Future"- Initiative. Mit Sabine Olschner sprach er über die Möglichkeiten von Ingenieuren, sich für den Klimawandel stark zu machen.

———————

Das war in meinem Studium der Elektrotechnik Ende der 1980er-Jahre. Damals gab es bereits die Enquete-Kommission des Deutschen Bundestages zum Schutz der Erdatmosphäre, eine parteiübergreifende Kommission, die interessante wissenschaftliche Berichte erstellt hat. Schon zu dieser Zeit hat man sehr eindringlich vor dem Klimawandel gewarnt und dessen Folgen skizziert, was mich damals sehr beeindruckt, aber auch mitgenommen hat. Also habe ich mir gesagt: Das ist eines der größten Probleme der Menschheit. Was kann ich im Rahmen meines Elektrotechnikstudiums machen? Die Lösung waren erneuerbare Energien, und ich habe mich entschlossen, diesen Weg in meinem Studium einzuschlagen – auch wenn die Erneuerbaren zu dem Zeitpunkt in Deutschland noch keine große Rolle gespielt haben. Für meine Promotion bin ich von Karlsruhe nach Berlin gewechselt, weil es dort damals eine der wenigen Lehrstühle gab, die sich überhaupt mit erneuerbaren Energien beschäftigt haben.

———————

Man muss dabei immer die Zeit im Auge behalten. Aus den Berichten des Weltklimarates geht hervor, dass wir wahrscheinlich noch 15 bis 20 Jahre Zeit haben, auf null Emissionen zu kommen, also den Ausstoß von CO_2 aus Kohle, Öl und Gas komplett zu unterbinden, um die Erderwärmung auf 2,5 Grad Celsius zu begrenzen. Das heißt, uns bleibt nur noch relativ wenig Zeit. Hätten wir schon 1990 gestartet, wäre der Zeitraum, um etwas zu tun, viel länger gewesen, und wir hätten es entspannter angehen können. Nun, zu einem viel späteren Zeitpunkt, müssen wir zwei Wege parallel gehen: Wir können das Problem teilweise mit neuen Technologien der erneuerbaren Energien lösen, die Erdgas, Öl und Kohle ersetzen. Aber der einzelne Mensch wird auch um Verhaltensänderungen nicht herumkommen, etwa weniger Auto fahren, seine Ernährung umstellen, keine Urlaubsflüge mehr unternehmen. Nur rein technisch werden wir das Problem in der kurzen Zeit nicht mehr lösen können.

———————

Mein Forschungsschwerpunkt liegt in der Solarenergie und der Photovoltaik. Zusammen mit der ganzen Forschergemeinschaft rund um die Photovoltaik haben wir es geschafft, dass die Solarenergie konkurrenzfähig geworden ist. Als ich Anfang der 1990er-Jahre mit der Forschung begonnen habe, kostete der Solarstrom 2 Euro pro Kilowattstunde, heute kann in sehr sonnigen Gebieten die Kilowattstunde für 2 Cent angeboten werden. Diese Kostenreduzierung ist schon mal eine notwendige Voraussetzung dafür, um eine schnelle Energiewende hinzubekommen, ohne uns finanziell zu übernehmen.

———————

Das Wichtigste wäre erst einmal, sich einen Studien- und später einen Arbeitsbereich zu suchen, der sich mit dem Thema Klimaschutz befasst. Das Tempo, mit dem wir hier vorankommen, ist wie gesagt noch viel zu langsam. Eigentlich müssten wir fünfmal so schnell sein. Das bedeutet aber auch: Wir brauchen fünfmal so viel Personal. Um die Technik und um die Finanzierung mache ich mir wenig Sorgen – aber um den Fachkräftemangel. Ob Solarenergie, Windenergie, Speichertechnologien oder Elektromobilität: Für all das brauchen wir qualifiziertes Personal. Darum meine Bitte: Liebe Leute, geht in diese Bereiche und setzt Entwicklungen mit um. Jede einzelne Ingenieurin und jeder einzelne Ingenieur ist wichtig, um einen schnellen Wandel zu realisieren.
(nach: https://www.karrierefuehrer.de/ingenieure/jeder-ingenieur-ist-wichtig-um-den-klimawandel-zu-realisieren.html)

Aufgaben

1. Was passt? Setzen Sie die Fragen in die richtigen Stellen.

> Nachdem Sie sich nun schon viele Jahre mit dem Thema Klimawandel beschäftigt haben: Was ist Ihre Lösung für das Problem?
> Wie können sich Ingenieurstudenten und Berufseinsteiger für den Klimawandel engagieren?
> Wann sind Sie das erste Mal mit dem Thema Klimawandel konfrontiert worden?
> Wie sieht Ihr persönlicher Anteil als Ingenieur an den notwendigen Veränderungen aus?

2. Beantworten Sie die Fragen.

(1) Was war nach der Meinung von Volker Quaschning die Lösung für Klimawandel?

(2) Was bedeutet hier null Emission?

_____

(3) Welche großen Veränderungen gibt es in der Branche Solarenergie in den letzten 30 Jahren?

_____

(4) Worum macht Volker Quaschning große Sorge?

_____

3. Bilden Sie Sätze.

Redewendung

sich für ... einsetzen   die Zeit im Auge behalten

um ... Sorgen machen

Satz

Mein Forschungsschwerpunkt liegt in der ...

Das Wichtigste wäre erst einmal, ...

Jede einzelne ... ist wichtig, um ... zu realisieren.

4. Sprechübung.

Sprechen Sie mit Ihrem Partner oder Ihrer Partnerin.

● Was könnte noch die Lösung für Klimawandel sein?

■ Ich glaube, ...könnte die Lösung für Klimawandel sein, denn...

Beispiel:
Ich glaube, erneuerbare Energie könnte die Lösung für Klimawandel sein, denn es ist unendlich zu gebrauchen.
...

Text **C**

Text C Aufgabe 1

Ingenieur der Zukunft: So drastisch wandelt sich das Berufsbild

Im Prinzip gehen wir in diesem Artikel einer vermeintlich simplen Frage nach: Was ist eigentlich ein Ingenieur? Nur ergänzen wir unsere Definition noch um den Zusatz „in Zeiten von Industrie 4.0". Widmen wir uns kurz der Begriffsbestimmung: In erster Linie versteht man einen Ingenieur als einen Fachmann der Technik, Entwicklung, Konstruktion,

Berechnung – all das vereint sich unter seiner Kernaufgabe, die sich meist auf technische Maschinen, Gebäude oder Anlagen bezieht.

Ein Ingenieur der Zukunft muss den Blick über den Tellerrand wagen können.

Doch das Fachwissen ist für den Ingenieur der Zukunft nur die eine Seite der Medaille. Die technische Expertise ist zwar unabdingbar und wird völlig zu Recht mit entsprechender Spezifikation in der Ausbildung oder im Studium gelehrt. Unternehmen fordern aber mehr als das. Ein Ingenieur der Zukunft muss den Blick über den Tellerrand wagen können. Doch welche Soft-Skills sind wirklich nötig?

Ingenieur der Zukunft: Ein Kommunikator und Wirtschaftler

Auch der Ingenieurberuf wandelt sich mit den Megatrends und modernen Entwicklungen im Industrie-4.0-Zeitalter. Die Hierarchien werden in den Unternehmen immer flacher, die Entscheidungswege kürzer. Für den Ingenieur bedeutet das, dass auf ihn auch eine kommunikative Rolle zukommt.

Der Ingenieur fungiert als wichtige Schnittstelle mit relevanten Bezugsgruppen, zum Beispiel im Kontakt mit Kunden, Zulieferern, Mitarbeitern oder Führungskräften aus anderen Bereichen. Diese Kommunikation wird immer näher und transparenter geführt. Der Ingenieur der Zukunft benötigt also ein entsprechendes Know-How und Feingefühl dafür.

Neben den kommunikativen Kompetenzen braucht es in der Zusammenarbeit mit relevanten Anspruchsgruppen auch koordinatives Geschick. Dieses umfasst beispielsweise die Planung von Prozessen und Projekten sowie ein Grundwissen über wirtschaftliche Abläufe.

Agile Arbeitsweise auch bei Ingenieuren

Das Schlüsselwort nennt sich Agilität. Moderne Konzerne arbeiten immer ganzheitlicher und interdisziplinärer. Diese Arbeitsweise vereint die Zusammenarbeit von verschiedenen Bereichen, von der Unternehmen profitieren wollen und in unserer schnelllebigen Zeit auch müssen. Es geht vor allem darum, den sogenannten VUKA-Anforderungen gerecht werden. VUKA steht für Volatilität, Unsicherheit, Komplexität und Ambiguität. Diese Anforderungen sind Ausdruck dafür, dass unsere Welt immer wandelbarer, unvorhersehbarer, komplexer und uneindeutiger wird. Um dem gerecht zu werden, bedarf es schnellen und agilen Arbeitsweisen.

Das Berufsfeld wird immer IT-lastiger

Im Zuge dessen nimmt auch der Begriff der Digitalisierung einen immer wichtigeren

Stellenwert für den Ingenieur der Zukunft ein. Das verdeutlicht auch eine Entwicklung auf dem Arbeitsmarkt. Laut einem Bericht der Bundesagentur für Arbeit vom März 2019 war in den letzten Jahren beispielsweise bei Elektroingenieuren ein Rücklauf zu vermelden. Doch nicht etwa, weil in diesen Berufen keine Nachfrage herrscht. Vielmehr verlagert sich das Berufsfeld immer mehr hin zur technischen Informatik, welche im Gegenzug stetig wächst. Eine Auseinandersetzung mit der Informationstechnik wird für den Ingenieur der Zukunft in diesem Fachbereich daher unausweichlich.

Auch mit Blick auf Zukunftsfelder, wie IoT oder Big Data, werden immer neue Herausforderungen auf das Berufsfeld des Ingenieurs zukommen. Ein Tipp an Ingenieure: Achten Sie daher darauf, dass in Ihrem Betrieb Weiterbildungsmöglichkeiten gefördert werden. Denn Ihr Metier wird in den nächsten Jahren noch einige Änderungen erfahren, für die Sie fachlich gewappnet sein sollten.

(nach: https://www.neumueller.org/blog/technik-it/ingenieur-der-zukunft/)

Aufgaben

1. Wählen Sie die richtige Lösung aus.

(1) Das Fachwissen ist für Ingenieur der Zukunft ···

a. ein Teil der Fähigkeit.

b. nicht mehr bedeutend.

c. das wichtigste Element.

(2) Die kommunikative Rolle eines Ingenieurs besteht darin, dass ···

a. man auch zuständig für telefonischen Kundendienst ist.

b. man die Internetverbindung besorgen muss.

c. man Kontakt mit relevanten Bezugsgruppen nehmen soll.

(3) Was bedeutet hier *Agile Arbeitsweise*?

a. Man soll schnell und flexibel reagieren.

b. Man soll eine wechselhafte Arbeitsweise haben.

c. Man muss körperlich fit sein.

(4) Laut einem Bericht der Bundesagentur für Arbeit vom März 2019 ...

a. arbeitet weniger Elektroingenieur als zuvor.

b. arbeitet mehr Elektroingenieur als zuvor.

c. arbeitet weniger IT-ingenieur als zuvor.

2. Bilden Sie Sätze.

> **Redewendung**
>
> sich unter... vereinen   den Blick über den Tellerrand wagen
>
> auf... achten
>
> **Satz**
>
> In erster Linie versteht man... als...
>
> Eine Auseinandersetzung mit... wird für... unausweichlich.

3. Laut dem Text gibt es folgende Anforderungen für Ingenieure in der Zukunft:

- den Blick über den Tellerrand wagen können

- Kommunikator und Wirtschaftler

- die Probleme von morgen lösen

- Agile Arbeitsweise

- IT-lastiger

(1) Sprechen Sie mit Ihrem Partner oder Ihrer Partnerin darüber, wie man sich besser für einen Job als Ingenieur der Zukunft vorbereiten kann?

(2) Wird von einem Ingenieur in China anders verlangt als in Deutschland? Sprechen Sie in der Gruppe.

Text D

Nachhaltigkeit bedeutet Zukunftsfähigkeit

Text D Aufgabe 1

Das Erreichen von Klimaneutralität ist eine komplexe technologische und gesellschaftliche Herausforderung – und das nicht erst seit dem Pariser Klimaabkommen. Der Deutsche Bundestag hat in einer Neuauflage des Klimaschutzgesetzes das nationale Ziel gesetzt, bis 2045 klimaneutral zu werden. Dazu stellt der Industriesektor als einer der fünf emissionsintensivsten Sektoren einen wesentlichen Stellhebel dar. Viele deutsche Unternehmen haben sich selbst ambitionierte Ziele zum Erreichen von Klimaneutralität deutlich vor 2045 gesetzt. Dies zeigt: Die Industrie hat die Herausforderung angenommen. Der Weg zur Klimaneutralität ist jedoch durch ein Spannungsfeld von ökologischen sowie ökonomischen Einflüssen bestimmt.

Vor diesem Hintergrund wurde der Begriff der „Green Factory" geprägt, der einerseits die Minimierung der Auswirkungen von Fabriken auf die Umwelt betont, dies aber auch mit dem Erlangen weiterer Unternehmensziele kombiniert. Daher ist es nur folgerichtig, dass viele Unternehmen der nachhaltigen Neuausrichtung ihrer Fabriken eine hohe strategische Priorität zuweisen.

Ökologische Nachhaltigkeit

Die Komplexität von Fabriken ist hoch, eine wirtschaftliche Ausrichtung auf Klimaneutralität alles andere als trivial. Deshalb wird zur schnellen und effizienten Erreichung des Zielbilds einer Green Factory hinsichtlich Nachhaltigkeit die gemeinsame Innovationskraft von Forschung und Industrie benötigt. Es bedarf neuer und innovativer Konzepte, welche Gestaltungsmöglichkeiten und Stellhebel für die Verbesserung der Klimaneutralität von Fabriken aufzeigen – und wie diese in die Umsetzung gebracht werden können. Lösungen aus dem Bereich der Digitalisierung und Industrie 4.0 müssen weiterentwickelt und mit ihrem Fokus zunehmend auf ökologische Nachhaltigkeit ausgerichtet werden. Sowohl durch die resultierende Erhöhung der Transparenz in der Planung und im Betrieb von Fabriken, als auch direkt durch intelligente Steuerungskonzepte können solche Lösungen zur Reduzierung von Emissionen beitragen.

Transformation zur Green Factory

Wichtig ist, dass Unternehmen den Schritt zur Klimaneutralität nicht nur als Herausforderung, sondern auch als Chance begreifen. Durch die Transformation zur Green Factory lassen sich auch wirtschaftliche Ziele erreichen. Die Zahlungsbereitschaft für nachhaltig produzierte Produkte ist bereits heute höher und wird auch zukünftig weiter steigen. Auf der Kostenseite bringt die klimaneutrale Gestaltung von Produktionen weitere Vorteile mit sich, beispielsweise bei steigenden CO_2-Preisen oder hinsichtlich der Preisentwicklungen auf dem Energiemarkt. Bei der Kapitalaufnahme für nachhaltige Investitionen können Unternehmen Fördermöglichkeiten nutzen. Investierende und Banken berücksichtigen bei der Erstellung von Risikoprofilen zunehmend Nachhaltigkeitskriterien, sodass nachhaltige Unternehmen von besseren Bewertungen profitieren. Der Schritt hin zur Green Factory trägt also nicht nur zur Klimaneutralität, sondern auch zur Zukunftsfähigkeit von Unternehmen bei.

(nach: https://www.ingenieur.de/fachmedien/wt-werkstattstechnik/editorial/nachhaltigkeit-bedeutet-zukunftsfaehigkeit/)

Aufgaben

1. Richtig oder falsch, kreuzen Sie an.

	richtig	falsch
(1) Deutschland hat vor, bis 2045 klimaneutral zu werden.	( )	( )
(2) Um eine Fabrik klimaneutral umzubauen ist einfach.	( )	( )
(3) Heutzutage sind viele Leute bereit, für nachhaltig produzierte Produkte mehr zu zahlen.	( )	( )
(4) Nachhaltige Unternehmen werden von den Investierenden und Banken besser bewertet.	( )	( )

2. Beantworten Sie die Fragen.

(1) Welches Ziel hat „Green Factory"?

_____

(2) Was braucht man für die Erreichung des Zielbilds der „Green Factory "

_____

(3) Welche wirtschaftlichen Vorteile könnte die Klimaneutralität einem Unternehmen bringen? Nennen Sie drei Punkte.

1) _____

2) _____

3) _____

3. Bilden Sie Sätze.

Redewendung

mit ... kombinieren   zu ...beitragen

auf ... ausrichten   sowohl ... als auch ...

Satz

Auf der ... Seite bringt ... weitere Vorteile mit sich, beispielsweise bei ...

Durch ... lassen sich auch ... erreichen.

Teil 4 / Aufgabe

Im Kurs hat Zhang Ming eine Diskussion über das Thema „Ingenieur und Klimawandel" geführt. Alle Kursteilnehmer haben über folgende Fragen diskutiert:

(1) Was ist Ihrer Meinung nach die beste erneuerbare Energie?

(2) Welche Chancen und Herausforderungen gibt es für zukünftige Ingenieure?

(3) Welche Verantwortung soll ein Ingenieur hinsichtlich des Klimawandels tragen?

Evaluation

Bewerten Sie Ihren Lernerfolg mithilfe dieser Grafik. Auf jeder Achse sollen Sie einen Punkt auswählen und dadurch ein Viereck bilden wie im Beispiel.

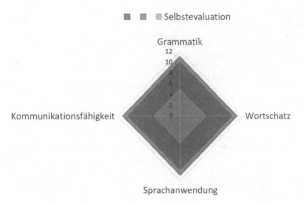

Glossar

Text Ⓐ

der	Sensor, -en		传感器
die	Solarzelle, -n		太阳能电池
	drahtlos	Adj.	无线的
das	Batteriemanagement		电池管理
der	Außenspiegel, -		外后视镜
der	Scheinwerfer, -		车灯
der	Abstand, Abstände		距离
	analog	Adj.	类似的
der	Bildschirmband, Bildschirmbände		连屏
der	Beifahrer, -		副驾驶
	kontextsensitiv	Adj.	上下文的
	verringern		减少
die	Verkabelung, -en		布线
die	Karosserie, -n		（汽车）车身

Text Ⓑ

der	Klimawandel		气候变化
	regenerativ	Adj.	再生的

der	Bundestag		联邦医院，国会大厦
die	Erdatmosphäre, -n		地球大气层
	eindringlich	Adj.	有说服力的，紧迫的
	erneuerbar	Adj.	可再生的
die	Promotion, -en		授予博士学位
der	Ausstoß, Ausstöße		排放
die	Photovoltaik		太阳能光伏
	konkurrenzfähig		有竞争力的
die	Kilowattstunde, -n		千瓦时
die	Energiewende		能源转型
das	Tempo, -s		速度

Text C

	drastisch	Adj.	十分有效的
	vermeintlich	Adj.	信以为真的
	widmen		致力于
die	Medaille, -n		奖牌
der	Tellerrand.. e		边缘
	koordinativ	Adj.	同等的，并列的
die	Volatilität		易变性
die	Ambiguität		意义双关
der	Stellenwert, -en		价值
der	Rücklauf, Rückläufe		折返，逆流
der	Gegenzug, Gegenzüge		相应的措施
das	Metier		专长
	wappnen		用……武装自己

Text D

die	Nachhaltigkeit		可持续性
die	Klimaneutralität		气候中和
die	Neuauflage, -n		新版
der	Stellhebel		操纵杆
	ambitioniert	Adj.	有野心的
	ökologisch	Adj.	生态的

	ökonomisch	Adj.	经济的
	resultierend	Adj.	结果的，合成的
die	Transformation		转型
die	Kapitalaufnahme, -n		吸收资本

Lektion 12

Güterzugverbindungen zwischen China und Europa

Lernziel

◆ Sprachkenntnisse wie Passiv usw. beherrschen

◆ „Eine kurze Geschichte des eurasischen Schienenverkehrs" kennenlernen

◆ Güterzugverbindung zwischen China und Europa kennenlernen

◆ Kommunikationsfähigkeit und Teamfähigkeit erhöhen

Teil 1 / Einführung

Kennen Sie die Güterzugverbindung zwischen China und Europa? Suchen Sie die Informationen im Internet vor dem Kurs darüber und beantworten Sie die folgenden Fragen:

(1) In welche Länder/Städte fährt der Güterzug von China?

_____

(2) Wie lange dauert die Zugfahrt von China nach Deutschland?

_____

Tauschen Sie im Kurs die Ergebnisse mit Ihrem Partner oder Ihrer Partnerin aus.

Teil 2 / Wortschatz und Grammatik

1. Passiv

(1) 被动态的使用

被动句强调动作或行为，主语是动作或行为的承受者，原来主动句中的第四格宾语在被动句中变为主语。

Der Lehrer fragt den Studenten.

→ Der Student wird gefragt.

在被动态的句子中，如需说明动作的发出者，由介词von带出（多用于人）；表示动作的原由或起因，由介词durch带出（多用于物）。

Die modernen Maschinen haben die Produktion erhöht.

→ Die Produktion ist durch die modernen Maschinen erhöht worden.

(2) 被动态的构成

被动态的现在时：werden（现在时人称变位形式）+ P II.

Der Lehrer fragt den Studenten.

→ Der Student wird gefragt.

被动态的过去时：wurde（现在时人称变位形式）+ P II.

Der Lehrer fragte die Studenten.

→ Die Studenten wurden gefragt.

被动态的现在完成时：sein（现在时人称变位形式）+ P II. + worden

Der Lehrer hat mich gefragt.

→ Ich bin gefragt worden.

被动态的过去完成时：war（人称变位形式）+ P II. + worden

Der Lehrer hatte die Schüler gefragt.

→ Die Schüler waren gefragt worden.

(3) 无人称被动态

少数不及物动词可以构成无人称被动态。无人称被动句用es作形式主语，反语序中es省略。

Man arbeitet am Sonntag nicht.

→ Es wird am Sonntag nicht gearbeitet.

oder: Am Sonntag wird nicht gearbeitet.

(4) 状态被动态

如果要表示一个动作或过程结束后留下的状态或结果，用状态被动态。状态被动态只有两个时态，即现在时和过去式。

现在时：sein (现在时人称变位形式) + P II.

过去时：war (人称变位形式) + P II.

Ich habe das Zimmer aufgeräumt.

→ Das Zimmer ist jetzt aufgeräumt.

✎ Übung

1. Bilden Sie Passivsätze im Vorgangspassiv.

(1) Die chinesische Regierung baut Bahnstrecken, Häfen und Straßen entlang der alten Seidenstraße.

_____

(2) Roboter ersetzen menschliche Arbeitskraft.

_____

(3) Der Hausmeister repariert den Schalter.

_____

(4) Das Erdbeben zerstörte die Stadt.

_____

(5) Der Sturm hat große Schäden verursacht.

_____

(6) Zwei Räuber haben die Bank überfallen.

_____

2. Bilden Sie Passivsätze ohne Subjekt.

(1) Man hilft ihm oft.

(2) Man spricht viel über Energiequelle.

_____

(3) Man singt und tanzt auf dem Platz.

_____

3. Bilden Sie Passivsätze.

(1) Museum – drei Wochen – schließen

_____

(2) Vorbereitung – noch nicht – abschließen

_____

(3) viele Gebäude – völlig – zerstören

_____

(4) Patient – vollständig – heilen

_____

2. Argumentation – Redemittel

Beim Argumentieren verwendet man eine nüchterne und begründende Sprache. Floskeln und Phrasendrescherei sind zu vermeiden.

(1) Verwenden Sie differenzierte Redemittel für Ihre Argumente.

Für den Aufbau von fünfteiligen Argumenten können Sie folgende Redemittel einsetzen:

Behauptung	Ich bleibe dabei, dass …
	Eine Ursache liegt in der …
	Es kann allgemein festgestellt werden, dass …
Begründung	Ich sehe den Grund für … in …
	Eine Ursache liegt in der …
	Dies kann auf … zurückgeführt werden.
Verstärkung	Ich möchte besonders betonen, dass …
	Hervorzuheben ist vor allem …
	Dies ist insbesondere wegen … zentral.
Beispiel	Ich beziehe mich auf …
	Verwiesen werden sollte auch auf …
	Dies kann man bei … nachlesen.
Schlussfolgerung	Ich möchte zu folgendem Schluss kommen …
	Abschließend kann festgehalten werden, dass …
	Dies führt uns zur Konklusion, dass …

(2) Setzen Sie Überleitungen zwischen Gedanken und Sätzen ein.

Aneinanderreihend

- Ein weiterer Gesichtspunkt ist ...

- Ähnliches gilt für ...

- Vor allem aber ist zu sehen, dass ...

- Weiterhin sind ...

- Zudem ist in Betracht zu ziehen, dass ...

- Darüber hinaus muss ...

- Ebenso nachteilig ist ...

- Hinzu kommt noch ...

- Zusätzlich sollte man daran denken, dass ...

- Eine weitere Ursache ist ...

- Nicht außer Acht gelassen werden darf ...

- Nicht zuletzt ist zu bedenken, dass ...

Einschränkend

- Trotz all dieser Nachteile ...

- Allerdings muss man auch sehen, dass ...

- Zu beachten ist dabei jedoch ...

- Gewiss hat diese Sichtweise eine Berechtigung, aber ...

- Zugegeben spricht einiges dafür, dennoch ...

- Zwar hat dieses Argument eine gewisse Beweiskraft, trotzdem ...

- Andererseits sollte man auch einsehen, dass ...

- Dagegen könnte jedoch ins Feld geführt werden, dass ...

- Hingegen müsste noch berücksichtigt werden, dass ...

- Obschon Vorbehalte bestehen, darf gleichwohl nicht vergessen werden, dass ...

Gegensätzlich

- Im Gegensatz dazu ...

- Im Unterschied zu ...

- Konträr zu ...

- Verschieden von ...

- Entgegen der generellen Ansicht bin ich der Meinung, dass ...

- Keinesfalls teile ich die Auffassung, dass ...

- Unter keinen Umständen darf ...

- Dagegen spricht eindeutig, dass ...

- Es besteht keine Übereinstimmung von ...

- Dies differiert komplett von ...

Teil 3 / Texte

Text Ⓐ

Text A Aufgabe 1

Eine kurze Geschichte des eurasischen Schienenverkehrs

Jede Geschichte der eurasischen Eisenbahnen soll mit den verschiedenen Spurweiten beginnen. Diese wurden im 19. Jahrhundert von den Erbauern der Bahnnetze eingerichtet. Die Gründe für ihre unterschiedliche Wahl sind an anderer Stelle gut dokumentiert. Der eurasische Schienengüterverkehr verbindet das ehemalige sowjetische Schienennetz mit seiner Spurweite von 1520 mm mit den 1435-mm-Schienennetzen Chinas und des größten Teils Europas. Heute deckt das 1520-mm-Netz Russland, die inzwischen unabhängigen Staaten Zentralasiens und die baltischen Staaten der EU ab. Dazu gehört auch die finnische Eisenbahn. Die erste Bahnlinie zwischen Asien und Europa war die Transsibirische Eisenbahn ab 1916. Die Transmongolische folgte 1961. Der 1990 eröffnete Korridor China-Kasachstan-Russland ist wesentlich kürzer als die weiter nördlich gelegenen Routen durch Russland. Dadurch wurde der Schienengüterverkehr zwischen China und Europa für Produkte attraktiv, die schnelle und zuverlässige Transitzeiten erfordern. Dieser hat Elektronikunternehmen aus Westchina angezogen, die die EU-Märkte beliefern, und EU-Automobilhersteller, die Teile an ihre Montagewerke in Westchina liefern. Seit 2008 fahren Züge mit Bauteilen aus Hamburg nach China für die Automontage der deutschen Joint Ventures in Shenyang (BMW) und Jilin (VW/Audi). Im Jahr 2009 folgte ein Testzug zwischen Chongqing und Duisburg. Der rasante Anstieg des Schienengüterverkehrs von China nach Europa seit 2011 ist zum Teil auf die Schaffung der EAEU-Zollunion zwischen Russland, Kasachstan und Belarus zurückzuführen.

Die EAEU hat es den drei Ländern ermöglicht, auf der Grundlage des aus der Sowjetunion stammenden 1520 mm langen Bahnnetzes einen Raum zu schaffen, in dem die Tarifpolitik, die Beförderungsvorschriften und die Fahrpläne durchgängig harmonisiert werden. Im Jahr

2011 schickte Hewlett Packard einige hundert Container Desktops, Laptops und LCD-Monitore von Chongqing nach Duisburg. Der reguläre Zugverkehr auf dieser Strecke wurde 2013 aufgenommen.

(nach: https://www.railweb.ch/2021-10_Schienenverkehr_China-Europa-China_Bremsen_und_Potenzial.pdf)

Aufgaben

1. Richtig oder falsch? Kreuzen Sie an.

	richtig	falsch
(1) Der eurasische Schienengüterverkehr verbindet heute Russland, China und die europäischen Staaten ab.	( )	( )
(2) Im Jahr 1961 ist die erste Bahnlinie zwischen Asien und Europa schon eingerichtet.	( )	( )
(3) Viele Autounternehmen interessierten sich bereits seit 1990 und lieferten ihre Produkte mit dem Züge.	( )	( )

2. Beantworten Sie die folgenden Fragen.

(1) Worauf bewirkte sich, dass die Zahl der Güterzüge zwischen China und Europa ist dramatisch gestiegen?

_____

(2) Welche Vorteile hat die EAEU gebracht?

_____

Text **B**

Güterzugverbindungen zwischen China und Europa

Im März 2011 rollte der erste Güterzug von der chinesischen Metropole Chongqing aus über die chinesische Grenzstation in Alashankou in Xinjiang in Richtung Europa. Das Ereignis markierte einen verkehrsmäßigen Meilenstein. Damit ist die Eisenbahn neben dem Schifffahrts-und Luftverkehr heute zur dritten Transportlinie geworden, die den asiatischen und den europäischen Kontinent miteinander verbindet. Durch die Förderung der Seidenstraßen-Initiative ist der Güterverkehr zwischen China und Europa in eine rasante Entwicklungsphase eingetreten. Der Aufbau des chinesisch-europäischen Güterverkehrs wurde im März 2015 in dem in China veröffentlichten Papier „Perspektiven und Aktionen für das Vorantreiben des gemeinsamen Aufbaus des Wirtschaftsgürtels Seidenstraße und der maritimen Seidenstraße des 21. Jahrhunderts" ausdrücklich zu einem Schwerpunkt der nationalen Entwicklung erklärt. Seit dem 8. Juni 2016 verwendet die chinesische Eisenbahn offiziell das Label „China-Europa-Zug". Zurzeit führen von China aus 40 Güterzugverbindungen in drei Richtungen Westen, jeweils von Xinjiang, der Inneren Mongolei und dem Nordosten Chinas nach Zentralasien, Russland, Zentral-und Osteuropa sowie nach Westeuropa. Mit der Eröffnung der Bahnstrecke zwischen Yiwu und London im Januar 2017 machen die „China-Europa-Züge" mittlerweile in 15 Städten in zehn Ländern Station. Laut Statistik rollten 2016 insgesamt 1702 dieser Güterzüge aus der Volksrepublik nach Europa, ein Anstieg um 109 Prozent im Vergleich zum Vorjahr. Als "neue Seidenstraße auf der Schiene" haben die Güterzüge zwischen China und Europa die gegenseitigen Verbindungen zwischen China und den Staaten entlang den Eisenbahnlinien schon heute merklich vorangetrieben. Es handelt sich also nicht etwa nur um die Eröffnung einzelner Bahnstrecken, sondern um die Erschließung eines umfassenden offenen Bahnnetzes. Neben ihrer Funktion als Güterverkehrskorridor sollen sie in Zukunft noch mehrere Aufgaben erfüllen, nämlich Produktionsfaktoren wie globales Kapital, Ressourcen, Technik und Fachpersonal anziehen und die Vernetzung der globalen Industrie vorantreiben.

(nach: http://german.china.org.cn/china/china_stichwoerter/2017-04/21/content_40665988. htm)

Aufgaben

1. Beantworten Sie die folgenden Fragen.

(1) Womit ist die Eisenbahn heute neben dem Wasser- und Luftverkehr zur dritten Transportlinie geworden?

_____

(2) Wodurch ist der Güterverkehr zwischen China und Europa in eine rasante Entwicklungsphase eingetreten?

_____

(3) Womit machen die „China-Europa-Züge" mittlerweile in 15 Städten in zehn Ländern Station?

_____

2. Bringen Sie die Vorgänge in richtige Reihenfolge mit Alphabet A-D.

(　　) Das Label „China-Europa-Zug" wurde offiziell verwendet.

(　　) Der erste Güterzug fährt von Chongqing nach Europa aus.

(　　) Die Bahnstrecke zwischen Yiwu und London wurde eröffnet.

(　　) Der Aufbau des chinesisch-europäischen Güterverkehrs wurde in China öffentlich erklärt.

Text **C**

Der erste direkte Güterzug von China nach Wien

Text C Aufgabe 1

Der chinesische Markt ist für österreichische Geschäftsleute kein neuer. Schon heute vernetzen sie mit regelmäßig verkehrenden Zügen europäische Handelsrouten mit Asien. Jetzt bringen sie eine neue Verbindung auf Schiene, die Güter noch schneller als bisher nach Europa bringen soll.

Die neue Seidenstraße ist das größte Wirtschaftsprojekt der Geschichte. Dabei handelt es sich um ein chinesisches Milliarden-Infrastrukturvorhaben zur Errichtung eines modernen Verbindungsnetzes von China nach Europa.Mit Investitionen aus China sollen nun Bahnstrecken, Häfen und Straßen entlang der alten Seidenstraße gebaut werden, um neue Handelsrouten zwischen Asien, Afrika und Europa zu schaffen.

5.000 Züge aus China rollen nach Europa

95 Prozent des derzeitigen Frachtvolumens zwischen Asien und Europa wird bisher vor allem per Containerschiff auf den internationalen Seewegen transportiert – künftig wohl zunehmend auch per Bahn. Dafür hat die chinesische Regierung ein klares Ziel vorgegeben. Bis 2020 sollen jährlich insgesamt 5.000 Züge aus China nach Europa rollen, in entgegengesetzter Richtung mindestens die Hälfte. Hier muss man sich vorstellen, dass es vom Jahr 2011 – als der erste Zug in China abgefahren ist – viereinhalb Jahre gedauert hat, bis die Anzahl von 1.000 Zügen von China nach Europa erreicht wurde. Heute werden alle vier Monate 1.000 Züge gefahren, das ist ein enormes Wachstum. Es gilt, das Wachstum effizient und nachhaltig auf Schiene zu bringen.

Erster Chengdu-Zug ist bereit für die Reise

Nachdem die Europäer seit vielen Jahren mit dem hochfrequenten Door-to-door-Transportsystemen neben Europa in Russland, in der Türkei auch bereits regelmäßig mit drei Verbindungen in China unterwegs sind, intensivieren sie nun das Asienangebot. Am 12. April wird ein 600 Meterlanger Containerzug auf Reisen geschickt von Chengdu, das im Herzen Chinas liegt. Chengdu ist die Hauptstadt der chinesischen Provinz Sichuan, liegt an der chinesischen Seidenstraße und ist der größte Eisenbahn-Hub in China. Das an der chinesischen Seidenstraße und gleichzeitig am Wirtschaftsgürtel des Yangtze Flusses gelegene Chengdu ist bestrebt, seine Stellung als Industriezentrum und Hub für internationalen Handel und Logistik auszubauen. Die chinesische Metropole wird somit zukünftig auch an Bedeutung gewinnen, soll doch das Transportvolumen von Gütern zwischen China und Europa auf der umweltfreundlichen Schiene erhöht werden.

(nach: https://blog.railcargo.com/de/artikel/der-erste-direkte-g%C3%BCterzug-von-china-nach-wien)

Aufgaben

1. Richtig oder falsch? Kreuzen Sie an.

Gut zu wissen!

		richtig	falsch
(1)	Der chinesische Markt ist fremd für die europäischen Geschäftsleute.	( )	( )
(2)	Die chinesische Regierung benutzen eine neue Seidenstraße, um die Güter nach Europa zu transportieren.	( )	( )
(3)	Bahnstrecken, Häfen und Straßen werden in der neuen Seidenstraße aufgebaut, die vom alten weiterentfernt ist.	( )	( )
(4)	Die meisten Container, die zwischen China und Europa geschickt werden, sind per Züge.	( )	( )
(5)	Heute fahren in vier Monaten insgesamt 1.000 Züge zwischen China und Europa.	( )	( )
(6)	Chengdu ist nicht nur die Hauptstadt von Sichuan Provinz, sondern auch einer der wichtigsten Eisenbahnhübe in China.	( )	( )

2. Was bedeuten die Kursschriften im Text? Ordnen Sie zu.

(1) Schon heute vernetzen sie mit regelmäßig verkehrenden Zügen europäische Handelsrouten mit Asien.

die Europäer

(2) ..., intensivieren sie nun das Asienangebot.

Chengdu

(3) ..., das im Herzen Chinas liegt.

österreichische Geschäftsleute

Text **D**

Text D Aufgabe 1

Mehr Containerzüge rollen zwischen China und Europa

Nach kurzer Unterbrechung infolge des Ukrainekrieges *steuert* das Transportvolumen auf der Bahnstrecke auf einen Rekord *zu*.

Schon seit mehr als zehn Jahren gibt es jedoch eine Zugverbindung zwischen China und Europa. Auf drei Hauptstrecken fahren mehrmals am Tag Züge mit bis zu 100 Containern. In Deutschland steuern sie unter anderem Hamburg, Duisburg, Nürnberg und München an.

Covid-19 beflügelte Schienentransport

Den eigentlichen Durchbruch brachte erst die Coronapandemie in den Jahren 2020 und 2021, da es zu erheblichen Engpässen bei den Transportkapazitäten kam. Schiffe stauten sich wegen Lockdowns oft wochenlang vor den Häfen Shenzhens oder Shanghais. Die Frachtraten stiegen in unbekannte Höhen. Alles, was fahren konnte, wurde daraufhin *in Gang gesetzt*. Die Bahnstrecke war viele Monate lang nahezu komplett ausgebucht.

Containertransport per Schiene zwischen China und Europa im Überblick (Veränderung gegenüber dem Vorjahr auf Basis der ungerundeten Werte in Prozent)

Indikator	2021	Veränderung	2022[1]	Veränderung
Anzahl Fahrten	15.183	22,0	16.500	9,0
Beförderte Container (in Millionen TEU[2])	1,5	29,0	1,6	9,0

(nach: https://www.gtai.de/de/trade/china/branchen/mehr-containerzuege-rollen-zwischen-china-und-europa-543460)

Transportvolumen erreicht neuen Rekord

Das Geschäft auf der China-Europa-Linie steuert infolgedessen auf neue Rekordwerte zu. In den ersten zehn Monaten 2022 stieg die Anzahl der Fahrten und der transportierten Container laut Angaben der chinesischen Staatsbahn um jeweils rund 9 Prozent gegenüber der Vorjahresperiode. Bis zum Dezember dürfte das gesamte Transportvolumen 1,6 Millionen Zwanzig-Fuß-Standardcontainer (TEU) erreichen. Das hört sich nach viel an, ist aber im Vergleich wenig. So viel Ware wird im Hafen von Shanghai etwa innerhalb von zwei Wochen abgefertigt.

---

1   Hochrechnung auf Basis von Daten für die ersten zehn Monate, gerundeten Werte

2   TEU=Zwanzig-Fuß-Standardcontainer

Anzahl der Containerzugfahrten zwischen Europa und China *

Jahr	Anzahl
2016	1.702
2017	3.673
2018	6.363
2019	8.225
2020	12.406
2021	15.183
2022	16.500

* Hochrechnung für das Jahr 2022 auf Basis der Daten für die ersten zehn Monate
Quelle: Chinesische Staatsbahn

Bahn bleibt Nischenangebot für Produzenten im Hinterland

Damit bleibt der Containerzug eine für im Landesinneren produzierende Betriebe interessante Alternative. Die Zugverbindung ist schneller als der Seeverkehr, in der Regel brauchen die Züge höchstens die Hälfte der Zeit. Die Frachtraten sind zudem nicht so erratisch, da sie von der chinesischen Staatsbahn festgelegt werden. Im Vergleich zur Luftfracht ist die Bahn wiederum um ein Vielfaches preiswerter. Doch im landesweiten Maßstab bleibt die Schiene ein Nischenangebot. Kaum eine Firma versendet ihre Waren von Shenzhen oder Shanghai aus mit dem Zug.

Transportmöglichkeiten zwischen China und Europa im Überblick

Schiene	Luft	See
Transit 2 bis 3 Wochen	Transit 2 bis 10 Tage	Transit 4 bis 6 Wochen
Hohe Frequenz und Flexibilität	Hohe Frequenz	Hohe Frequenz
Mehrere Container per Zug	Nur Güter mit geringem Gewicht	Frachtraten schwanken stark
Umweltfreundlich	Hohe Transportkosten	Sehr langsamer Transport

Die chinesische Regierung will die Verbindung weiter ausbauen. Die Pläne konzentrieren sich im Wesentlichen auf den Bau von unterstützender Infrastruktur wie Lagerhäusern oder Logistik- und Industrieparks. Die Projekte werden vielfach von der China Development Bank finanziert. So wurden beispielsweise 2022 die Containerabfertigungskapazitäten in Erenhot an der Grenze zur Mongolei ausgebaut. Dabei handelt es sich um einen wichtigen Knotenpunkt der Bahnstrecke zwischen Europa und China.

(nach: https://www.gtai.de/de/trade/china/branchen/mehr-containerzuege-rollen-zwischen-china-und-europa-543460)

Aufgabenvw

1. Richtig oder falsch? Kreuzen Sie an.

	richtig	falsch
(1) Die Züge von China nach Deutschland fahren nur in die Städte Hamburg, Duisburg, Nürnberg und München zu.	( )	( )
(2) Wegen Covid-19 steuern immer weniger Züge von China nach Europa an.	( )	( )
(3) Die chinesische Regierung möchte die Güterzugverbindung weiterentwickeln.	( )	( )

2. Wählen Sie die richtige Lösung aus.

(1) *zusteuern* bedeutet:

a. ein Ziel erreichen

b. etwas unterstützen

c. etwas zerbrechen

(2) *in Gang setzen* bedeutet:

a. einen Spaziergang durchführen

b. etw. nicht zum Stillstand kommen lassen

c. bewirken, dass etw. in Bewegung gerät, zu funktionieren beginnt

(3) *abfertigen* bedeutet:

a. löschen

b. erledigen

c. zurückschicken

3. Welche Möglichkeiten gibt es, wenn man Güter von China nach Europa schicken möchte? Schreiben Sie die im Text genannten drei Möglichkeiten auf.

(1) _____

(2) _____

(3) _____

4. Welche Vorteile und Nachteile hat die jeweilige Alternative für Gütertransport?

Alternative			
Vorteile			
Nachteile			

Teil 4 / Aufgabe

Wenn Zhang Ming als Geschäftsführer arbeitet und die Güter zwischen China und Europa transportieren würde, welche Verkehrsmittel für Gütertransport würde er dann wählen? Er wägt mit den Redemitteln aus Teil 2 „Argumentation – Redemittel" die Vorteile und Nachteile der jeweiligen Verkehrsmittel ab.

Evaluation

Bewerten Sie Ihren Lernerfolg mithilfe dieser Grafik. Auf jeder Achse sollen Sie einen Punkt auswählen und dadurch ein Viereck bilden wie im Beispiel.

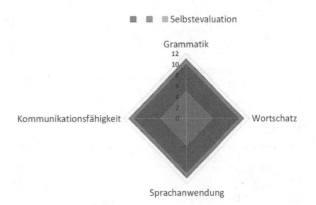

Glossar

Text Ⓐ

die	Spurweiten		轨距
das	Bahnnetz, -e		铁路网络
die	Route, -n		路线
	ab/decken		覆盖
	baltisch	Adj.	波罗的海的
	transsibirisch	Adj.	横贯西伯利亚的
die	Korridor , -e		走廊，通道
	wesentlich	Adj.	显而易见的
	zuverlässig	Adj.	可信赖的，可靠的
der	Automobilhersteller,-		汽车制造商
das	Montagewerke		装配车间
der	Anstieg		上升，增高
die	Schaffung, -		创立，建立
	zurück/führen...auf A		追溯，把……归因于
die	Vorschrift, -en		法律条文

Text **B**

der	Güterzug, Güterzüge		货运列车
die	Metropole, -n		大都市
die	Grenzstation, -en		边境站
das	Ereignis, -se		不寻常的事情，事件
der	Meilenstein		里程碑
die	Förderung, -en		支持，赞助
	ein/treten		进入
die	Erschließung		开发，开辟
	erfüllen		满足，执行，完成
	an/ziehen		吸引

Text **C**

die	Infrastruktur		基础设施
das	Vorhaben		计划，打算
die	Errichtung		建立，建起
das	Frachtvolumen		货运量
	vor/geben		预先确定
	entgegengesetzt	Adj.	对立的，相反的
die	Hälfte, -n		一半
das	Wachstum (nur Sg.)		增长
	effizient	Adj.	有效率的，有效果的
	nachhaltig	Adj.	持久的，持续的
der	Wirtschaftsgürtel, -		经济带
die	Logistik		物流
	umweltfreundlich	Adj.	环保的
	sich erhöhen		提高

Text **D**

	an/steuern		向……行驶
	beflügelt	Adj.	飞的，带翅膀的
der	Engpass, Engpässe		短缺
die	Transportkapazität, -en		运输能力
	stauen		堵住；堆积

die	Frachtrat		运价
	aus/buchen		订购一空
	infolgedessen	Adv.	因此，所以
	ab/fertigen		办理；发送
das	Nischenangebot		利基产品
	erratisch	Adj.	不稳定的
das	Vielfach		好几倍
	aus/bauen		扩建
das	Lagerhaus, Lagerhäuser		仓库
der	Knotenpunkt		枢纽站；节点

Chinesische Unternehmen in Deutschland

Lernziel

◆ Wortschatz *wachsen, zunehmen, ansteigen, sich erhöhen* beherrschen

◆ Partizip I als Attribut beherrschen

◆ Zustand chinesischer Unternehmen in Deutschland kennenlernen

◆ Interkulturelle Kommunikationsfähigkeit erhöhen

Teil 1 / Einführung

Kennen Sie die größten chinesischen Unternehmen und die größten deutschen Unternehmen mit chinesischer Beteiligung?

Tabelle 1: Die 10 größten Unternehmen Chinas gemessen am Umsatz (2022)

表 1　2022 年中国十大企业（按销售额排序）

	Unternehmen	Branche	Umsatz (in Mrd. US-$)	Eigentum
1	State Grid	Elektrizität	460,6	Staatlich
2	China National Petroleum	Öl & Gas	411,7	Staatlich
3	Sinopec	Öl & Gas	384,8	Staatlich
4	Industrial and Commercial Bank of China	Bank	208,1	Staatlich
5	China State Construction Engineering	Bauindustrie	205,8	Staatlich
6	China Construction Bank	Bank	202,1	Staatlich
7	Ping An Insurance Group	Versicherung	181,4	Privat
8	Agricultural Bank of China	Bank	181,4	Teilstaatlich
9	China Railway Group	Zugbau	166,5	Staatlich
10	China Railway Construction	Bauindustrie	157,7	Staatlich

(nach: https://www.weltexporte.de/unternehmen-china/)

Tabelle 2:Die 10 größten deutschen Unternehmen in chinesischem Besitz(2020)

表 2　德国十大中资企业（2020）

Rang	Unternehmen	Ort	Branche	Gesellschafter	Umsatz in Mio. Euro
1	KUKA Aktiengesellschaft	Augsburg	Maschinenbau	Midea (China)	3.200
2	Grammer AG	Amberg	Automobilindu…	Ningbo Jifeng (China)	2.038
3	MEDION AG	Essen	Konsumgüter	Lenovo (China)	1.432
4	Lenovo (Deutschland) GmbH	Stuttgart	Konsumgüter	Lenovo (China)	1.362
5	SEG Automotive Germany GmbH	Stuttgart	Automobilindu…	Zhengzhou Coal Mining Machinery Group (China)	1.360
6	Pirelli Deutschland GmbH	Breuberg	Automobilindu…	ChemChina (China)	1.250
7	KraussMaffei Group GmbH	München	Maschinenbau	ChemChina (China)	1.100
8	STILL GmbH	Hamburg	Maschinenbau	Kion=Weichai Power+Streubesitz (China)	972
9	Linde Material Handling GmbH	Aschaffen…	Maschinenbau	Kion=Weichai Power+Streubesitz (China)	960
10	Sanhua AWECO Appliance Systems GmbH	Neukirch	Konsumgüter	Zhejiang Sanhua Ltd. (China)	926

(nach: https://die-deutsche-wirtschaft.de/deutsche-unternehmen-in-chinesischem-besitz/)

Überlegen Sie sich, warum chinesische Unternehmen zunehmend nach Deutschland investieren? Notieren Sie mögliche Gründe. Tauschen Sie im Kurs die Ergebnisse mit Ihrem Partner oder Ihrer Partnerin aus.

_____

_____

_____

Teil 2 / Wortschatz und Grammatik

1. verteuern → ver-teuer-n Vt. & Vr.

(Vt.) etwas verteuert etwas: etwas macht etwas teurer

Beispiel:

Dieses konsequente Qualitätsmanagement kostet viel Geld und verteuert die Produkte.

(Vr.) etwas verteuert sich: teurer werden

Beispiel:

Die Produktion hat sich verteuert.

„**ver-**" verwendet, um aus einem Adjektiv ein Verb zu machen und drückt aus, dass jemand etwas in den Zustand bringt, der vom Adjektiv bezeichnet wird.

ähnlich wie:

		Aber:	
verbilligen	Vt. Vr.	verkürzen	Vt. Vr.
verdeutlichen	Vt. Vr.	verlängern	Vt. Vr.
verflüssigen	Vt. Vr.	vergrößern	Vt. Vr.
verlangsamen	Vt. Vr.	verkleinern	Vt. Vr.
verdummen	Vt. Vi.	verschönern	Vt. Vr.
vereinsamen	Vi. (s.)	verbessern	Vt. Vr.

✐ **Übung**

Füllen Sie die Lücken mit den Wörtern aus der Tabelle in richtiger Form aus.

(1) Die Arbeitszeit hat sich von 40 auf 35 Wochenstunden _____ .

(2) Wer alles vergisst, was er mal gelernt hat, der _____ mit der Zeit.

(3) Der hohe Ölpreis _____ die Herstellung von Plastikprodukten.

(4) Wir werden im Frühjahr das Jugendcafé einrichten, um die Freizeitangebote für Jugendliche in der Stadt zu _____ .

(5) Die hohe Temperatur hat die Schokolade _____ .

(6) Gegen 8 Uhr werden viele Waren im Supermarkt _____ .

(7) Die Anzahl der Hunde sollte _____ werden, weil die Hunde damals Krankheiten übertragen konnten.

(8) Robinson war auf der Insel _____ , er hatte gar keinen zum Sprechen.

2. wachsen, zunehmen, ansteigen, sich erhöhen

wachsen, zunehmen, ansteigen, sich erhöhen: 表示"增长"的四个常见动词

Erklärung

(1) wachsen: Vi. (wächst, wuchs, ist gewachsen)

Die Haare wachsen.

Die Produktion ist dieses Jahr viel gewachsen.

Partizip I: wachsend

Die Kosten wachsen. → die wachsenden Kosten

Die Gefahr wächst. → die wachsende Gefahr

(2) zu/nehmen: Vi. (nimmt zu, nahm zu, zugenommen)

Die Zahl der jungen Rauchenden nehmen zu.

Partizip I: zunehmend

Wenn man älter wird. → mit zunehmendem Alter

(3) an/steigen: Vi. (steigt an, stieg an, ist angestiegen)

Die Temperatur steigt an.

Die Preise sind um 2% angestiegen.

Partizip I: ansteigend

Die Temperatur steigt an. → die ansteigende Temperatur

(4) sich erhöhen: Vr. (erhöht sich, erhöhte sich, sich erhöht)

Die Löhne haben sich um fünf Prozent erhöht.

Partizip I: sich erhöhend

Die Miete erhöht sich. → die sich erhöhende Miete

✎**Übung**

Übersetzen Sie die folgenden Sätze ins Deutsche. Verwenden Sie dabei die obengenannten Wörter.

(1) 近两年，学生人数增加至 150 人。

_____

(2) 气温稳步升高。

_____

(3) 人们的生活水平不断提高，消费也相应增加。

_____

(4) 中国经济增长达到了 6.5%，是经济发展最快的国家之一。

_____

3. Partizip I als Attribut 第一分词（现在分词）作定语

Das führte bei vielen Unternehmen zu der **wachsenden** Einsicht, dass Manager in einem internationalen Konzern zunehmend interkulturelle Fähigkeiten aufweisen müssen.

Partizip I

构成：动词不定式 + d

含义：1）主动性；2）同时性

用法：大多数第一分词放在名词前作形容词，有词尾变化。

ein bellender Hund → ein Hund, der bellt

ein fahrendes Auto → ein Auto, das fährt

eine singende Frau → eine Frau, die singt

weinende Kinder → Kinder, die weinen

ein spannender Film → Der Film ist spannend.

anstrengende Arbeit → Die Arbeit ist anstrengend.

dringender Termin → Der Termin ist dringend.

✒ Übung

Finden Sie zu jedem Bild ein passendes Partizip I und füllen Sie die Lücken mit dem Partizip in richtiger Form aus.

<table>
<tr>
<td>

(1) Der _____ Hund ist weiß.

(2) Ich finde den _____ Hund sehr süß.

</td>
<td>

(3) Die _____ Studentin sitzt am Fenster.

(4) Neben der _____ Studentin steht ein Vogel.

</td>
</tr>
<tr>
<td>

(5) Das _____ Kind sitzt im Garten.

(6) Ich gehe zu dem _____ Kind.

</td>
<td>

(7) Die _____ Männer wohnen im Nachbarhaus.

(8) Ich bringe den _____ Männern Kaffee und Kuchen.

</td>
</tr>
</table>

Teil 3 / Texte

Text

Text A Aufgabe 1

Investitionen chinesischer Unternehmen in Deutschland

China hat in den letzten Jahren mit der Modernisierung seines Wirtschaftssystems eine Entwicklung vollzogen wie kaum ein anderes Land. Der Staat räumte dem wirtschaftlichen Fortschritt Priorität ein und öffnete sich der Welt. Die am schnellsten wachsende Volkswirtschaft hat sich bereits maßgeblich in die Weltwirtschaft integriert und ist kaum mehr wegzudenken, ob als Produktionsstandort, Zuliefer- oder Absatzmarkt und verstärkt auch als Investor. Die aufstrebende Wirtschaftsmacht bringt Unternehmen hervor, die global tätig sind und auf ihrem Weg der Internationalisierung zunehmend auch in Deutschland investieren. Sie agieren auf dem deutschen Markt sowohl als Kunden, Lieferanten, Kooperationspartner und auch als Arbeitgeber. Mit dieser noch jungen Entwicklung entstehen neue Möglichkeiten einer deutsch-chinesischen Zusammenarbeit, von der beide Seiten unter bestimmten Voraussetzungen profitieren können.

Die Investitionen westlicher Unternehmen in Asien sind bereits zur Selbstverständlichkeit geworden. Die Auslandsinvestitionen zwischen Deutschland und China waren bis vor kurzem noch recht einseitig: Bereits seit Jahren gehen deutsche Unternehmen in bedeutendem Umfang nach China; nun ziehen die chinesischen Unternehmen nach. Seit 2002 stiegen die Auslandsinvestitionen Chinas nach Deutschland stark an. Zwischen 1989 und 2006 erhöhten sich die Direktinvestitionen aus China nach Deutschland von 27 Millionen Euro auf fast 300 Millionen Euro um mehr als das Zehnfache.

Warum investieren chinesische Unternehmen gerade in Deutschland? Sicher gibt es viele Gründe, in andere Regionen zu gehen, und chinesische Unternehmen tun dies auch: Kulturelle und geographische Nähe führen zu Engagements in Ost- und Südostasien; die Marktgröße motiviert den Einstieg in den US-amerikanischen Markt; die Notwendigkeit der Rohstoffsicherung motiviert den Einstieg in den Ländern mit entsprechenden Vorkommen. Für Deutschland sprechen im Allgemeinen der hohe technologische Stand, die Rechtssicherheit, die Qualität der Arbeitskräfte, die große Marktkraft und die zentrale Lage in der EU und in Europa. Auch das durchaus positive und respektvolle Deutschland-Bild beeinflusst die Standortentscheidungen zugunsten Deutschlands.

Viele Wirtschaftsführer begrüßten chinesische Direktinvestitionen in Deutschland. Der BASF-Vorsitzende Jürgen Hambrecht betonte, gerade zum Vorsitzenden des Asien-Pazifik-Ausschusses (APA) gewählt: „Wir brauchen die Asiaten als Investoren auch in Europa, es kann und darf in einer vernetzten Weltwirtschaft keine Einbahnstraße geben."

(nach: https://www.bertelsmann-stiftung.de/de/publikationen/publikation/did/chinesische-unternehmen-in-deutschland)

Aufgaben

1. Richtig oder falsch? Kreuzen Sie bitte an.

	richtig	falsch
(1) China ist das Land, das in den letzten Jahren die größte wirtschaftliche Entwicklung erzielt hat.	( )	( )
(2) In der globalen Wirtschaftsentwicklung spielt China eine vielseitige und unverzichtbare Rolle.	( )	( )
(3) Viele chinesische Unternehmen investieren längst in Deutschland und sorgen für viele Arbeitsplätze.	( )	( )
(4) Der Investitionsaustausch zwischen China und Deutschland wurde lange Zeit in der Vergangenheit von Deutschland als Investor dominiert.	( )	( )
(5) Trotz voller Begeisterung sind die Investitionen chinesischer Unternehmen in Deutschland nicht wesentlich gestiegen.	( )	( )
(6) China investiert in asiatischen Ländern, weil deren Marktanteile groß sind.	( )	( )
(7) Mit vielseitigen wirtschaftlichen Vorteilen ist Deutschland auf dem Investmentmarkt konkurrenzfähig.	( )	( )
(8) Im Rahmen der globalen Wirtschaftsverflechtung sollte Deutschland die Investitionen aus China nicht ablehnen.	( )	( )

2. Was bedeutet das Wort „Einbahnstraße" im letzten Abschnitt?

_____

_____

_____

3. Das kleine Wort *kaum*

- nur zu einem sehr geringen Grad; so gut wie gar nicht (Synonym: wenig)

- nur mit Anstrengung möglich (Synonym: schwerlich)

- in dem Augenblick (Synonym: gerade)

China hat in den letzten Jahren mit der Modernisierung seines Wirtschaftssystems eine Entwicklung vollzogen wie **kaum** ein anderes Land.

Die am schnellsten wachsende Volkswirtschaft hat sich bereits maßgeblich in die Weltwirtschaft integriert und ist **kaum** mehr wegzudenken, ob als Produktionsstandort, Zuliefer- oder Absatzmarkt und verstärkt auch als Investor.

Anmerkung:

In Sätzen mit „kaum" werden **keine** weiteren negativen Wörter (kein-, nicht) hinzugefügt.

Übersetzen Sie die folgenden Sätze ins Deutsche.

(1) 那里几乎没有人。

_____

(2) 这不可置信。

_____

(3) 她刚出门，电话就响了。

_____

(4) 所有器械都堆放在地下室，几乎没有被用过。

_____

(5) 在中国，这些疾病几乎不再危险。

_____

Text **B**

Chinesische Unternehmen in Deutschland

Text B Aufgabe 1

Chinesische Unternehmen haben ihre internationale Wettbewerbsfähigkeit im Zuge des Reformkurses und der wirtschaftlichen Öffnung stetig verbessert und sind dabei, in zahlreichen Hightech-Branchen zu Weltmarktführern aufzusteigen. Beispiele sind anzuführen wie die großen Rohstofffirmen Sinopec, Sinochem, Petrochina und Baosteel; Technologiekonzerne wie Lenovo, Haier, Huawei, TCL; die Automobilhersteller wie FAW, SAIC, Geely und Chery.

Chinesische Firmen kommen oft nur wenige Jahre mit Billigprodukten auf die Weltmärkte und präsentieren dann sehr rasch - zur großen Überraschung der westlichen Konkurrenten - leistungsfähige und zugleich preisgünstige Eigenentwicklungen. Die Automobilhersteller Geely und Chery verkaufen ihre PKW in Südamerika und Afrika und sammeln so Erfahrung auf Auslandsmärkten. Die Firma Galanz hat sich mit Haushaltsgeräten, speziell Mikrowellenöfen, nahezu unbemerkt in praktisch allen westlichen Ländern etabliert. Der Hausgerätehersteller Haier, der mit Lizenzen des deutschen Kühlgeräteherstellers Liebherr begonnen hatte, entwickelte sich vom Hersteller eines Nischenprodukts - Mini-Kühlschränke für Wohnwägen und Studentenapartments - zum zweitgrößten Anbieter von Waschmaschinen in den USA. Haier ist heute der größte Haushaltsgerätehersteller der Welt und beschäftigt mehr als 50.000 Mitarbeiter. Der Containerhersteller China International

Marine Containers (CIMC) übernahm 1993 rund ein Dutzend kleinere Containerhersteller an der chinesischen Küste. Dann entwickelte er ab 1995 über ein Joint Venture mit der deutschen Firma Graaff die Technologie für Spezialcontainer weiter und verwies die vormaligen Marktführer Japan und Südkorea auf die Ränge. Die 1903 aus den Rezepten bayerischer Bierbrauer entstandene Tsingtau Brewery ist über ihre Muttergesellschaft Anheuser Busch längst Teil der weltweiten Getränkeindustrie.

Aber nicht alle chinesischen Investitionen in Deutschland scheinen strategisch gleich gut geplant und manche scheitern dementsprechend schnell. Man erinnert sich in Deutschland an den missglückten Einstieg des chinesischen Elektronikkonzerns TCL beim Fernsehgerätehersteller Schneider Electronics im Jahr 2002 und die gescheiterte TCL-Kooperation mit Alcatel im Mobilfunkbereich im Jahr 2005.

Chinesische Unternehmen sind so vielfältig, flexibel und kreativ. Sie kooperieren mit westlichen Partnern, verfolgen zugleich ihre eigenen Interessen – genauso wie jedes westliche Unternehmen auch. Chinesische Firmen sind für die deutschen Unternehmen potenzielle Investoren, Partner und Wettbewerber zugleich, aber auch Kunden und Lieferanten.

(nach: https://www.bertelsmann-stiftung.de/de/publikationen/publikation/did/chinesische-unternehmen-in-deutschland)

Aufgaben

1. Wählen Sie die richtige Lösung aus.

(1) Der Grund, warum chinesische Unternehmen große Fortschritte gemacht haben, liegt darin, dass ...

a. sie eine lange Geschichte haben.

b. sie wesentlich konkurrenzfähiger als früher geworden sind.

c. sie zahlreiche Auslandsfirmen gekauft haben.

(2) Zu den weltweit chinesischen führenden Unternehmen zählen ...

a. die großen Rohstofffirmen und Technologiekonzerne.

b. Technologiekonzerne und die Automobilhersteller.

c. die großen Rohstofffirmen, Technologiekonzerne und die Automobilhersteller.

(3) Dass die chinesischen Unternehmen ..., erstaunt die westlichen Firmen.

a. nur billige Produkte verkaufen

b. in der Lage sind, die Produkte westlicher Firmen nachzuahmen

c. in kurzer Zeit eigene Innovationsfähigkeit beweisen

(4) Die Firma Galanz ···

a. hat mit ihren Mikrowellenöfen die europäischen Märkte besetzt.

b. beschränkt sich nur auf die Produktion von Mikrowellenöfen.

c. ist auf den westlichen Märkten gescheitert.

(5) Der Hausgerätehersteller Haier ···

a. ist zum größten Lieferanten von Waschmaschinen in den USA geworden.

b. dominiert weltweit den Haushaltsgerätemarkt.

c. stellt weniger als 50.000 Mitarbeiter ein.

(6) Der Containerhersteller China International Marine Containers (CIMC) ...

a. hat viele kleinere Auslandscontainerhersteller gekauft.

b. arbeitet seit 1995 allein an der neuen Technologie für Schifffahrt.

c. ist Japan und Südkorea an Containertechnologie überlegen.

(7) Es gibt aber auch misslungene chinesische Unternehmen im Ausland, weil ...

a. ihre Planung nicht vollständig genug war.

b. sie nicht über ausreichende Geldmittel verfügten.

c. sie nicht genug qualifizierte Arbeitskräfte hatten.

(8) Für die deutschen Unternehmen sind die chinesischen Firmen ...

a. eher Konkurrenten als Partner.

b. weder Anbieter noch Kunden.

c. nicht nur Kooperationspartner, sondern auch mögliche Investoren und Konkurrenten.

2. Bilden Sie Sätze mit folgenden Redewendungen.

Redewendungen	
Wettbewerbsfähigkeit verbessern	zum Weltmarktführeraufsteigen
Beispiele anführen	zur Überraschung
Erfahrung sammeln	sich mit ... etablieren
sich von ... zu ... entwickeln	mit ... kooperieren

Sätze

_____

_____

_____

_____

_____

_____

3. Füllen Sie die Lücken aus. Sie können zwischen den folgenden Wörtern wählen. Achten Sie dabei auf die Konjugation und Zeitform von Verben und die Deklination von Adjektiven.

Handelspartner - mit - Beziehungen - umgekehrt - von - wichtigst - intensivieren - erreichen

Die wirtschaftlichen _____ zwischen Deutschland und China haben sich in den letzten Jahren _____. Deutschland ist der mit Abstand _____ Handelspartner für die Volksrepublik in Europa. _____ war das China 2021 nun schon zum sechsten Mal in Folge wichtigster deutscher _____. Das bilaterale Handelsvolumen _____ 2021 einen neuen Höchstwert _____ rund 245 Milliarden Euro. _____ 1,4 Milliarden Verbrauchern zählt China zu den größten Konsumgütermärkten der Welt.

Text **C**

Herausforderungen an das interkulturelle Management
Text C Aufgabe

Der Eintritt der chinesischen Unternehmen in den deutschen Markt bringt nicht nur für die deutschen Wirtschaftsteilnehmer Herausforderungen der kulturübergreifenden Zusammenarbeit mit sich. Auch die Fähigkeiten des chinesischen Managements werden auf die Probe gestellt und diese macht - wie das der deutschen Unternehmen in China - nach und nach seine Erfahrungen.

Zuerst steht die Wahl der geeigneten Unternehmensform und des Standorts an, und Entscheidungen über die Lokalisierung (die Anpassung an den deutschen, eventuell europäischen Markt) und Globalisierung (die Beibehaltung weltweit einheitlicher Prozesse und Produkte) müssen getroffen werden: Wie stark passt sich das Unternehmen an lokale Kulturstandards, seine Produkte an Geschmack und Haptik an, und wie eindeutig bleibt dabei die internationale Identifikation der Marke? Wie lokal oder global soll das Personalmanagement in einem „deutschen Unternehmen mit chinesischen Wurzeln" betrieben werden? Im Kern dieser Fragen steht die Organisation interkultureller Schnittstellen: Sie müssen im Unternehmen - in einer deutsch-chinesischen Belegschaft, vom deutschen Standort zum chinesischen Mutterunternehmen - und aus dem Unternehmen heraus - zu lokalen Kunden, Lieferanten und der Öffentlichkeit - gestaltet werden.

Umgang mit kulturellen Unterschieden

Nicht nur in den Joint Ventures sondern im neu gebildeten gemeinsamen Konzern treten gerade in der Anfangsphase der interkulturellen Zusammenarbeit bei chinesischen und deutschen Mitarbeitern immer wieder unterschiedliche Verhaltensweisen auf, die zu Staunen und Befremdung führen. So kennen die Deutschen beispielsweise nicht die chinesische Sitte, in Besprechungen ihre Interessenlosigkeit offen zu zeigen, wenn über Themen geredet wird, die einen selbst nicht betreffen. Umgekehrt finden Chinesen die Rigorosität, mit der die Deutschen ihre Meinung vertreten, sehr hochnäsig und vermissen die Höflichkeit, die ihrer Meinung nach auch dann notwendig ist, wenn man Recht hat. Solche Unterschiede werden am besten am Beispiel des Qualitätsmanagements deutlich: Einerseits achten die Chinesen die Fähigkeiten der deutschen Mitarbeiter im Qualitätsmanagement hoch, andererseits beschweren sie sich über die Langsamkeit und Penibilität der Deutschen. Umgekehrt versteht die deutsche Seite die Flexibilität und Innovationskraft der Chinesen häufig als Unfähigkeit, beschlossenes Vorgehen konsequent durchzuführen, und interpretiert ihre Schnelligkeit leicht als Voreiligkeit.

Dazu erklärt Herr Voss, der Innovationsmanager der Dürkopp Adler AG: „Unseren chinesischen Kollegen geht es oft nicht schnell genug. Dabei ist bei unseren Maschinen höchste Präzision gefragt und dann könnte die Qualität runtergehen." Natürlich hat auch die chinesische Seite ihre Argumente: Dieses konsequente Qualitätsmanagement kostet viel Geld und verteuere die Produkte. Viele chinesische Kunden aber fragen überhaupt keine Maschinen nach, die extrem langlebig sind, weil sie für ausländische Auftraggeber mit kurzfristigen Lieferverträgen produzierten. Sie würden in kürzeren Rhythmen denken und teure, langfristige Investitionen scheuen, da sie sehr volatile Märkte bedienen. Allerdings geht in China der Trend eindeutig hin zu langlebigen und hochwertigen Produkten.

Auf dem Weg dahin aber gilt es, immer wieder eine gesunde Mitte zwischen Preis und Qualität zu treffen, was sehr viel Abstimmungsbedarf erfordert. Da muss ein gegenseitiger Anpassungsprozess sein.

Der Unterschied zwischen deutschem und chinesischem Managementverhalten ist noch recht groß, besonders der zwischen der chinesischen Anpassungsfähigkeit und der deutschen Nachhaltigkeit. Das führte bei vielen Unternehmen zu der wachsenden Einsicht, dass Manager in einem internationalen Konzern zunehmend interkulturelle Fähigkeiten aufweisen müssen. Eine vereinheitlichte Personalpolitik, die interkulturelle Fähigkeiten in der Personalauswahl oder -entwicklung berücksichtigt, könnte dazu beitragen, interkulturelle Konflikte zu beseitigen, die Kommunikation im Unternehmen zu fördern, die Behandlung der Mitarbeiter zu vereinheitlichen, die Unternehmensführung abzustimmen und auf diese Weise beide Unternehmenskulturen für den zukünftigen Erfolg zusammenzuführen.

(nach: https://www.bertelsmann-stiftung.de/de/publikationen/publikation/did/chinesische-unternehmen-in-deutschland)

Aufgabe

Richtig oder falsch? Kreuzen Sie bitte an.

	richtig	falsch
(1) Die Verbreiterung chinesischer Unternehmen nach Deutschland setzt insbesondere chinesische Wirtschaftsführer unter Druck.	( )	( )
(2) Die chinesischen Geschäftsführer kommen mit dem großen Druck nicht zurecht.	( )	( )
(3) Nicht nur die Produkte, sondern auch das Personalmanagement müssen über den Grad der Lokalisierung und Globalisierung entscheiden.	( )	( )
(4) Bei den Entscheidungen über die Lokalisierung und Globalisierung geht es hauptsächlich um interkulturelle Ebene.	( )	( )
(5) Interkulturelle Missverständnisse kommen oft in Unternehmen mit kulturübergreifender Zusammenarbeit vor.	( )	( )
(6) Chinesen interessieren sich kaum für die nicht relevanten Themen.	( )	( )
(7) Chinesische Mitarbeiter erkennnen die Verdienste deutscher Kollegen nicht an.	( )	( )

(8) Die Genauigkeit der Deutschen gehen den chinesischen Mitarbeitern manchmal auf die Nerven.   ( ) ( )

(9) Nach der Meinung von Herrn Voss ist Effizienz für die Chinesen manchmal wichtiger als die Qualität.   ( ) ( )

(10) Die interkulturellen Managementfähigkeiten von Managern multinationaler Unternehmen spielen eine entscheidende Rolle bei der Bildung einer einheitlichen Unternehmenskultur.   ( ) ( )

Text D

Firmenansiedlungen aus China in Hamburg

(1) _____

In China hat Deutschland traditionell ein grundsätzlich gutes Ansehen. Deutsche Ingenieure, deutsche Autos und deutscher Maschinenbau sind sehr geschätzt; deutsche Autos sind in China wie auch in vielen anderen Ländern Statussymbol. Nach wie vor ist Deutschland aufgrund seiner geographischen Lage im Zentrum Europas, seiner guten Infrastruktur und dem guten Ausbildungsstandard des Personals ein attraktiver Wirtschaftsstandort. An Hamburg als Standort für die Niederlassung eines chinesischen Unternehmens sind in erster Linie der Hafen sowie das angeschlossene, sehr gut ausgebaute Transportnetz zu Land hoch attraktiv. Des Weiteren hat „Hanbao" - „Burg der Chinesen", wie Hamburg auf Chinesisch genannt wird - traditionell eine enge Bindung zu China und insbesondere zu Shanghai, das als große Hafenstadtmetropole viele Parallelen zu Hamburg hat. Auch hat Hamburg eine der größten China-Communities in Deutschland.

Die Beziehungen zwischen Hamburg und China basieren auf einer langen und intensiven Freundschaft. Seit dem 18. Jahrhundert besteht zwischen beiden ein reger Handelsaustausch. Schon im Jahr 1731 legte das erste chinesische Handelsschiff aus Kanton kommend im Hamburger Hafen an. Hamburg ist mit zahlreichen Handelsunternehmen, Bankhäusern, Versicherungsanstalten und ausländischen Konsulaten eine Schlüsselmetropole der Außenhandelsbeziehungen zwischen Deutschland und der Welt, auch zu Asien. Der Hafen Hamburg ist der wichtigste Umschlagsplatz für Handelsgüter zwischen Deutschland und Fernost, die auf dem Seeweg transportiert werden. Dieser Tatbestand ist für chinesische Handelsunternehmen nach unserer Erfahrung immer wieder von zentraler Bedeutung. Darüber hinaus verfügt Hamburg über eine Vielzahl unterschiedlicher Beratungsdienstleister, die über langjährige Erfahrung mit den spezifischen Bedürfnissen von Unternehmen mit chinesischem Hintergrund verfügen. Diese Berater bringen das notwendige interkulturelle Gespür mit, verfügen meist auch über chinesischsprachiges Fachpersonal oder sind selbst des Chinesischen mächtig.

(2) _____

Hamburg hat sich aufgrund seiner hohen Kompetenz im Bereich des Handels und der Logistik als hervorragender Standort für Unternehmer aus der Volksrepublik bewährt. Ca. 400 Firmen aus China sind heute in Hamburg und von Hamburg aus aktiv. Zwischen 30 und 50 chinesische Unternehmen siedeln sich jedes Jahr neu in Hamburg an.

Bei den meisten Firmen handelt es sich um Import- und Exportfirmen, die Hamburg als Standort nutzen, um von hier aus ihre Geschäfte mit Europa und Deutschland abzuwickeln. Unter ihnen sind Firmen wie Baosteel, Sinosteel, Chint und die Harwa Electronics GmbH. Viele haben ihre Europazentralen in Hamburg errichtet. Sie nutzen Hamburg als Tor in die europäischen Märkte, vor allem in Nord-, Ost- und Mitteleuropa.

Die Bandbreite der gehandelten Produkte ist bei den Import- und Exportfirmen sehr groß. Schwerpunkte sind in den Bereichen der Chemieindustrie, bei Elektronikprodukten und bei Konsumgütern erkennbar. Darüber hinaus zählt eine wachsende Zahl von Firmen zur Logistikindustrie. Neben den Reedereien wie Cosco, China Shipping oder Sinotrans kommen auch zunehmend mittelständische Logistikdienstleister nach Hamburg.

Die ersten Firmen, die in den 1980er Jahren nach Hamburg kamen, waren Staatsbetriebe. Mittlerweile überwiegt der Anteil der Privatbetriebe. Bislang sind dies meist noch kleine Niederlassungen bedeutender Mutterfirmen, aber wir beobachten, dass die Unternehmensgröße anwächst und die Unternehmen zunehmend hohe Umsätze über die Hamburger Niederlassung abwickeln.

(3) _____

Was die Zukunftsaussichten betrifft, rechnet man mit einer weiteren positiven Entwicklung der deutsch-chinesischen Zusammenarbeit - sowohl quantitativ als auch qualitativ. Wenn man die heutigen Anfragen und Firmengründungen mit denen von vor 20 Jahren vergleicht, dann ist festzustellen, dass sich die Qualität sehr stark verändert hat. Die Geschäftsführer sind sehr gut auf den Auslandseinsatz vorbereitet, verfügen über die nötigen Fremdsprachenkenntnisse und über fundierte Kenntnisse der Marktbedingungen und -chancen auf dem deutschen und europäischen Markt. Damit geht einher, dass sich die Unternehmer ihre Standorte in Deutschland heute sehr gezielt aussuchen. Unterschiedliche

Städte werden miteinander verglichen. Trotz der wachsenden Konkurrenz durch andere Standorte wird Hamburg unvermindert als sehr zentraler und strategisch wichtiger Standort für den Aufbau des Europageschäftes bewertet.

(gekürzt und bearbeitet nach: https://www.bertelsmann-stiftung.de/de/publikationen/ publikation/did/chinesische-unternehmen-in-deutschland)

Aufgaben

1. Wählen Sie für die drei Abschnitte jeweils eine Überschrift aus.

> chinesische Firmen, die sich bereits für Hamburg als Standort entschieden haben
>
> Perspektiven für weitere Firmenansiedlungen aus China
>
> Motivation chinesischer Unternehmen zur Niederlassung in Deutschland bzw. Hamburg

2. Richtig oder falsch? Kreuzen Sie an.

	richtig	falsch
(1) Deutsche Autoindustrie genießt in China einen guten Ruf.	( )	( )
(2) Deutschland liegt in Westeuropa.	( )	( )
(3) Hamburg als große Hafenstadt ist bekannt für sein hervorragendes Güterverkehrsnetz.	( )	( )
(4) Hamburg und Shanghai haben in vieler Hinsicht Gemeinsamkeiten.	( )	( )
(5) Zwischen Hamburg und China besteht kaum eine historische Verbindung.	( )	( )
(6) Chinesische Unternehmen legen großen Wert auf die Güterverkehrskapazitäten Hamburgs.	( )	( )
(7) In Hamburg arbeiten in der Beratungsbranche nur wenige Menschen, die Chinesisch sprechen können.	( )	( )
(8) Derzeit gibt es in Hamburg mehr als 1.000 Import- und Exportfirmen aus China.	( )	( )
(9) Die chinesischen Unternehmen, die in Hamburg Niederlassung haben, sind zum größten Teil staatlich.	( )	( )
(10) Inzwischen treiben diese Niederlassungen noch kein großes Geschäft.	( )	( )
(11) Chinesische Unternehmen, die derzeit zur Entwicklung nach Deutschland gehen, verfügen über hohe Kompetenzen.	( )	( )
(12) Im Vergleich zu anderen deutschen Städten bleibt Hamburg als idealer Geschäftsstandort nach wie vor konkurrenzfähig.	( )	( )

Teil 4 / Aufgabe

Zhang Mings Freund, Feng Wei, ein chinesischer Ingenieur mit deutschen Sprachkenntnissen, ist vor zwei Monaten zur Arbeit in eine Tochtergesellschaft in Berlin geschickt worden. Was würde Zhang Ming Feng Wei vorschlagen, damit er besser mit seinen Kollegen zusammenarbeiten kann?

_____

_____

_____

_____

_____

Evaluation

Bewerten Sie Ihren Lernerfolg mithilfe dieser Grafik. Auf jeder Achse sollen Sie einen Punkt auswählen und dadurch ein Viereck bilden wie im Beispiel.

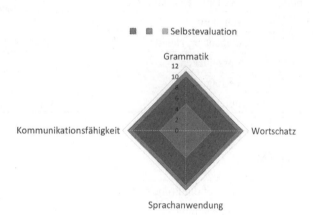

Glossar

Text 🅐

	vollziehen		取得
die	Priorität, -en		优先
	maßgeblich	Adj.	决定性的
der	Zulieferer, -		供应商
der	Absatz, Absätze		销售
der	Umfang, Umfänge		规模
das	Zehnfache		十倍

der	Rohstoff, -e		原材料
	sprechen für A		赞成，赞同，支持
	zugunsten + G	Präp.	（支配第二格）有利于
der	Ausschuss, Ausschüsse		委员会

Text B

der	Reformkurs, -e		改革
die	Öffnung		开放
	leistungsfähig	Adj.	性能优良的
	etablieren		建立，树立
der	Anbieter, -		供应商
die	Muttergesellschaft, -en		母公司
	scheitern		失败
	dementsprechend	Adv.	相应地
	missglücken		失败
	verfolgen		追求
	potenziell	Adj.	潜在的

Text C

	etw. auf die Probe stellen		试验……
die	Beibehaltung, -en		保留
die	Schnittstelle, -n		环节
die	Belegschaft, -en		全体职工
die	Rigorosität		严肃，严厉
	hochnäsig	Adj.	高傲的
	sich beschweren über A		抱怨
die	Penibilität		一丝不苟，吹毛求疵
	interpretieren		解释，解读
die	Voreiligkeit		仓促，草率
der	Liefervertrag, Lieferverträge		供货合同
der	Abstimmungsbedarf		需要协调
	bei/tragen zu D		为……做贡献；有助于

Text ⑩

die	Niederlassung, -en		分公司，分店，经销处
die	Parallele, -n		类似的事物；对照
	rege	Adj.	活跃的，有生气的
	an/legen		停泊，靠岸
der	Umschlag, Umschläge		货物转运
der	Tatbestand		事实情况
	sich bewähren		能经受住考验；证明自己有能力
	ab/wickeln		进行，办理
die	Reederei, -en		海运公司
	rechnen mit D		预见到……
der	Auslandseinsatz		派驻国外
	fundiert	Adj.	有深厚基础的
	einhergehen mit D		与……一起出现
	unvermindert	Adj.	未减少的，未减弱的

Deutsche Unternehmen in China

Lernziel

◆ Wortschatz für Grafikbeschreibung „verzeichnen, zeigen, belegen" beherrschen

◆ Verben mit *zu* + Infinitiv und Nebensatz mit *während* beherrschen

◆ Zustand deutscher Investition bzw. deutscher Unternehmen in China kennenlernen

◆ „Heimat deutscher Unternehmen in China" kennenlernen

◆ Interkulturelle Kommunikationsfähigkeit erhöhen

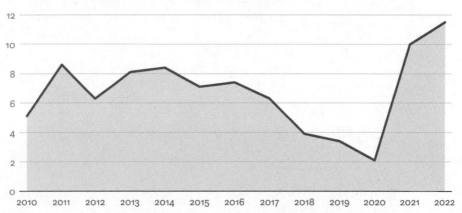

■DEUTSCHE FIRMEN INVESTIEREN REKORDSUMME

Deutsche Direktivestitionen nach China (in Mrd. Euro)

(nach: Deutsche Bundesbank, Institut der deutschen Wirtschaft Köln Grafik: *Konstantin Megas*)

　　图表解读： 2022 年德企在华投资创纪录

　　根据德意志联邦银行（德央行）最新统计数据，德国企业 2022 年在华投资额达到了 115 亿欧元，创下历史新高。此外，对过去几年对华投资统计数据也进行大幅修正，2020、2021 年德国企业对华投资额分别上调了 20 亿、42 亿欧元。仅过去两年，德国对华直接投资额就达到了 215 亿欧元。其中，新投资的资金完全来自于企业在华经营利润。

来源：中华人民共和国驻慕尼黑总领事馆经济商务处

(nach: http://munich.mofcom.gov.cn/article/jmxw/202303/20230303400208.shtml)

Teil 1 / Einführung

Wissen Sie, wie viele deutsche Unternehmen es in China gibt? Welche sind die größten? Seit wann haben sie den Sitz in China? Überlegen Sie sich, warum sich deutsche Unternehmen für China entscheiden? Notieren Sie mögliche Gründe und tauschen Sie im Kurs die Ergebnisse mit Ihrem Partner oder Ihrer Partnerin aus.

_____

_____

_____

Teil 2 / Grammatik

1. Verben mit *zu* + Infinitiv

受动词支配的带 zu 不定式中，句子主语作不定式结构的行为人。

(1) 96% der befragten Unternehmen wollen im Land aktiv bleiben und nur 4% **erwägen** das Land zu verlassen.

(2) Eine vereinheitlichte Personalpolitik könnte dazu **beitragen**, interkulturelle Konflikte zu beseitigen, die Kommunikation im Unternehmen zu fördern, die Behandlung der Mitarbeiter zu vereinheitlichen, die Unternehmensführung abzustimmen und auf diese Weise beide Unternehmenskulturen für den zukünftigen Erfolg zusammenzuführen.

(3) Frau Meier **versucht** heute pünktlich zu sein.

(4) Linda **hofft**, die Prüfung zu bestehen.

(5) Es **hört auf** zu regnen.

(6) Für heute Nachmittag **hat** Tobias **vor**, einen Besuch bei Anna zu machen.

受动词支配的带 zu 不定式中，句子宾语作不定式结构的行为人。

(1) Darf ich Sie **bitten**, mir kurz zu helfen?

(2) Die Lehrerin **empfiehlt** den Studenten, Vokabeln aufzuschreiben.

(3) Ihre Eltern **erlauben** ihr nicht, abends auszugehen.

(4) Die Uni **ermöglicht** ihm, ein Jahr in Deutschland zu studieren.

说明：不定式结构前可加逗号，以使意义更明确。

✎ Übung

Übersetzen Sie die folgenden Sätze ins Chinesische.

(1) Die Regierung beabsichtigt die Steuern zu reduzieren.

_____

(2) Erik und Linda planen im Oktober zu heiraten.

_____

(3) Wir würden Sie gerne einladen, Ostern bei uns zu verbringen.

_____

(4) Heute fällt es mir schwer, mich zu konzentrieren.

_____

(5) Mein Arzt hat mir geraten mehr Sport zu treiben.

_____

(6) Fangen Sie bitte an vorzulesen!

_____

(7) Er kann nur schlecht mit Geld umgehen. Alle raten ihm ab, dieses Luxusauto zu kaufen.

_____

(8) Frau Müller bietet an, mir bei der Arbeit zu helfen.

_____

2. Nebensatz mit *während*

Bedeutung 1: temporaler Nebensatz, drückt Gleichzeitigkeit mit der Handlung des Hauptsatzes aus. (Synonyme: in der Zeit, zur Zeit von ..., im Verlauf von ...)

während引导的从句作时间状语从句，表达主从句动作的同时性，主从句时态一致。

(1) „Bis etwa 2018 etwa ging alles mit chinesischer Geschwindigkeit voran", sagt Regionalleiter Veit, während er mit großen Schritten durch die hell beleuchteten Korridore des Fabrikgeländes führt.

(2) Herr Josef schlief, während seine Frau in der Küche arbeitete.

(3) Während er auf den Zug wartete, las er Zeitung.

(4) Während ich in Deutschland war, habe ich viele Museen besichtigt.

Bedeutung 2: adversativer Nebensatz, drückt Gegensätzlichkeit zum Inhalt des Hauptsatzes aus. (Synonyme: im Vergleich zu..., im Gegensatz zu ...)

während引导的从句作对比从句，表达主从句动作的不同性。

1) Er treibt viel Sport, während sie am liebsten vor dem Fernseher sitzt.

2) Während in China der Sonntag ein Einkaufstag ist, sind die Läden in Deutschland am Sonntag geschlossen.

 Übung

> **Entscheiden Sie, welche Bedeutung *während* in den folgenden Sätzen hat.**
>
> **Markieren Sie „1" für Bedeutung 1 und „2" für Bedeutung 2.**
>
> (1) Während ich frühstücke, höre ich Radio.   (   )
>
> (2) Während die Frau kocht, liegt der Mann auf dem Sofa und liest Zeitung.   (   )
>
> (3) Während sie sehr sparsam ist, kauft er sich oft teure Sachen.   (   )
>
> (4) Während er in Lateinamerika lebte, sammelte er viele CDs mit indianischer   (   )
>   Musik.
>
> (5) Warum versinkt eine Gesellschaft in Massengewalt, während ihre Nachbarn   (   )
>   relativ stabil bleiben?
>
> (6) Sie geht einkaufen, während er putzt.   (   )
>
> (7) Mit Geld kann nicht jeder umgehen. Der eine spart jeden Cent, während der   (   )
>   andere schon am Monatsanfang wieder pleite ist.
>
> (8) Für die einen ging es weiter wie zuvor, während sich für die anderen fast alles   (   )
>   veränderte.

Teil 3 Texte

Text Ⓐ

Deutsche Unternehmen in China

Text A Aufgabe 1

Die deutschen Unternehmen bauen weiterhin auf den Wachstumsmarkt China: 71% von ihnen wollen ihre Investitionen in der Volksrepublik erhöhen. Nach dem herausfordernden ersten Corona-Jahr 2020 haben sich die Geschäfte für die deutschen Unternehmen in China erholt: Das Jahr 2021 lief besser als das Vorjahr. So verzeichnen 63% der Unternehmen für 2021 einen Umsatzzuwachs um mehr als 5% und 48% einen ebensolchen Gewinnzuwachs. Dies zeigt die Umfrage „German Business in China: Business Confidence Survey 2021/2022" der Deutschen Handelskammer in China in Kooperation mit KPMG. Die Zahlen belegen, dass China ein enorm großer Markt für deutsche Unternehmen ist, der zudem weiter wächst. Auch für 2022 erwarten noch 60% ein Umsatzplus von über 5% und 41% eine Gewinnsteigerung um mehr als 5%.

Lange profitierten ausländische Firmen in China von niedrigen Löhnen und einem robusten Wachstum. Das wandelnde Geschäftsumfeld im chinesischen Markt wird aber schwieriger für deutsche Firmen. Rund jedes zweite Unternehmen in China sieht große Herausforderungen darin, qualifizierte Arbeitskräfte zu finden und zu halten, sowie in steigenden Personalaufwendungen. Zudem werden chinesische Unternehmen immer innovativer. Mittlerweile glauben 49% der Befragten, dass deren chinesische Wettbewerber in den nächsten fünf Jahren Innovationsführer in ihrer Branche werden (Vorjahr: 41%).

China will ab 2030 die Spitze des CO_2-Ausstoßes überschritten haben und bis 2060 klimaneutral sein. Aus der Umsetzung dieses Ziels entstehen neue Chancen - gerade für deutsche Unternehmen, die in diesem Geschäftsfeld forschen und entwickeln: 49% der befragten Unternehmen sehen hier Geschäftsmöglichkeiten - insbesondere Unternehmen aus den Sektoren Chemie, Elektronik sowie Maschinen- und Anlagenbau. Dagegen betrachten vor allem Hersteller von Kunststoff- und Metallprodukten die Dekarbonisierungspläne als Risiko.

Es besteht nach wie vor großes Interesse am Wachstumsmarkt China. 96% der befragten Unternehmen wollen im Land aktiv bleiben und nur 4% erwägen das Land zu verlassen. China bleibt ein wichtiger Investitionsstandort für deutsche Unternehmen.

(nach: https://kpmg.com/de/de/home/themen/2022/01/deutsche-unternehmen-in-china.html)

Aufgaben

1. Richtig oder falsch? Kreuzen Sie bitte an.

	richtig	falsch
(1) Mehr als zwei Drittel der deutschen Unternehmen in China planen mehr als je zuvor zu investieren.	( )	( )
(2) Nach der COVID-19-Epidemie hat sich das Geschäft dieser Unternehmen in China nicht wesentlich verbessert.	( )	( )
(3) Die deutschen Unternehmen sind zuversichtlich, dass sich der chinesische Markt weiter entwickeln wird.	( )	( )
(4) Die niedrigen Preise für Arbeitskräfte und die schnelle Wachstumsrate gehörten zu den größten Vorteilen des chinesischen Marktes in der Vergangenheit.	( )	( )

(5) Der Entwicklungstrend des chinesischen Marktes bleibt derzeit unverändert ( ) ( ) für die deutschen Unternehmen.

(6) Hochqualifiziertes und bezahlbares Personal bleibt zugänglich wie früher. ( ) ( )

(7) Fast die Hälfte der befragten deutschen Unternehmen glaubt, dass ihre ( ) ( ) chinesischen Konkurrenten über eine starke Wettbewerbsfähigkeit verfügen.

(8) Alle deutschen Unternehmen sehen Chinas Dekarbonisierungspläne als ( ) ( ) Geschäftschancen.

(9) Kein Unternehmen ist bereit, das China-Geschäft aufzugeben. ( ) ( )

2. Wortschatz für Grafikbeschreibung

(1) verzeichnen

Synonym: fest/stellen

So verzeichnen 63% der Unternehmen für 2021 einen Umsatzzuwachs.

(2) zeigen

Synonym: dar/stellen

Dies zeigt die Umfrage „German Business in China".

(3) belegen

Synonym: nach/weisen, beweisen

Die Zahlen belegen, dass China ein enorm großer Markt für deutsche Unternehmen ist.

✎ **Übung**

Übersetzen Sie die folgenden Sätze ins Deutsche. Verwenden Sie dabei die obengenannten Wörter.

(1) 研究表明，工程师的薪资近年来逐年递增。

_____

(2) 事实证明，具有双语背景的工程师是跨国公司不可或缺的人才。

_____

(3) 星期天，参观杭州亚运会博物馆的人数达到最高记录。

_____

(4) 杭州亚运会开幕式展现了文化与科技交融之美。

_____

(5) 钓鱼岛属于中国，这是有历史依据的。

_____

3. Wählen Sie das richtige Verb aus und füllen Sie die Lücken aus. Achten Sie auf die Konjugation.

aufzeigen	betrachten	bleiben
verlassen	verzeichnen	planen
steigern	liegen	erwarten	profitieren

Positive Geschäftsaussichten bleiben bestehen

2021 konnten fast 60% der Unternehmen in China bessere Geschäfte als im Vorjahr _____ . Für 2022 _____ über die Hälfte der Unternehmen eine Verbesserung der Entwicklung in ihrer Industrie in China, trotz steigender Rohstoff- und Energiepreise. Der chinesische Markt _____ für deutsche Unternehmen einer der wichtigsten globalen Märkte: 71% der Unternehmen wollen ihre Investitionen dort _____ . Nur 4% denken überhaupt darüber nach, das Land zu _____ . Die Umfrage der EU-Handelskammer in China (EUCCC) hatte Mitte des Jahres 2021 einen sehr ähnlichen Trend _____ .

Viele befragten Firmen _____ wie im Vorjahr weitere Investitionen in China. Der Schwerpunkt _____ dabei auf neuen Produktionsanlagen (49%), dem Ausbau von Forschung und Entwicklung (47%) sowie die Automatisierung und Weiterentwicklung von Produktionsprozessen (37%). Unternehmen, die mit Dekarbonisierungstechnologien, -produkten und -dienstleistungen im Markt aktiv sind, könnten besonders von Chinas ambitionierten Plänen _____ : Rund die Hälfte (49%) der Befragten _____ Chinas Ziel, bis 2060 klimaneutral zu sein, als Geschäftsmöglichkeit.

Text **B**

Heimat für deutsche Unternehmen in China

Text B Aufgabe 1

Als sich der Automobilzulieferer Kern-Liebers eine Autostunde nördlich von Shanghai niederließ, starteten die Baden-Württemberger mit gerade einmal sechs Mitarbeitern. Rund 30 Jahre später empfängt Simon Veit, ein hemdsärmeliger Managertyp mit festem Handschlag, vor einem hochmodernen Produktionswerk, in dem rund 800 Angestellte auf einer Fläche von über fünf Fußballfeldern arbeiten. „Bis etwa 2018 etwa ging alles mit chinesischer Geschwindigkeit voran", sagt Regionalleiter Veit, während er mit großen Schritten durch die hell beleuchteten Korridore des Fabrikgeländes führt. Mit „chinesischer Geschwindigkeit" meint Veit vor allem eins: schnell. Bauprojekte wurden realisiert, die in

Europa ein Vielfaches an Zeit kosten würden.

In den letzten Jahren jedoch, sagt Veit, habe das rasante Tempo nachgelassen. Der Grund: neue Steuerregelungen, die Coronapandemie und schließlich ein weltweiter Chipmangel.

Kern-Liebers hat sich 1993 als erster Mittelständler in der damals neu gegründeten Industriezone angesiedelt - und damit unverhofft den Startschuss zu einer einzigartigen Erfolgsgeschichte abgegeben: Mittlerweile gibt es in der ostchinesischen Satellitenstadt knapp 500 deutsche Firmen, darunter viele „Hidden Champions".

Als „verborgene Champions" bezeichnet man die deutschen Mittelständler, die teilweise weltweit Marktführer sind, aber nur in einer kleinen spezialisierten Sparte und daher für die Öffentlichkeit weitgehend unbekannt bleiben. Kern-Liebers ist so ein klassisches Beispiel: Kaum jemand hat von ihnen schon mal gehört, aber in der Produktion von Bandfedern, die zum Beispiel in der Automobilindustrie zur Anwendung kommen, sind sie weltweiter Marktführer.

Der Standortvorteil von Taicang liegt auf der Hand: Die Arbeitslöhne sind günstiger als in den großen Ostküstenmetropolen, doch gleichzeitig befindet sich die internationale Finanzstadt Shanghai nur 50 Kilometer entfernt.

Dass sich Taicang stolz als „Heimat für deutsche Unternehmen" bezeichnet, spiegelt sich im Stadtbild wider: An der Rothenburg-Uferpromenade hat man eine Altstadtimitation inklusive Fachwerkhäuser und Springbrunnen errichtet. Beim angrenzenden Wirtshaus Schindlers Tankstelle wird Eisbein und Sauerkraut serviert, Brezeln und Bauernbrot gibt es bei der benachbarten Bäckerei Brotecke. Und jedes Jahr veranstaltet das German Center Taicang, die Interessenvertretung der deutschen Mittelständler, ein Oktoberfest mit Weißbier und Brathendl.

Auch der Fußball-Bundesligist FC Bayern München hat in einer örtlichen Schule mittlerweile ein Trainingszentrum eröffnet, um den Nachwuchs zu fördern. Die Lokalregierung von Taicang bezahlt den FC Bayern, dass sie die Nachwuchsmannschaft trainiert. Eine Win-win-Situation: Die Bayern hoffen auf junge Talente, die Stadt setzt auf einen Imagegewinn.

Doch inzwischen sorgt man sich hier um die Personalsituation: Von den einst 3000 Deutschen seit Beginn der Pandemie sind nur mehr ein Drittel übrig geblieben. Es sei mittlerweile schwierig geworden, loyale und gut ausgebildete Fachkräfte zu bekommen und diese auch langfristig zu halten. Denn die Konkurrenz um Fachkräfte ist hoch: Viele gut Ausgebildete in Taicang wechseln nach kurzer Zeit zu einem konkurrierenden

Unternehmen, wenn sich die Chance auf einen besseren Lohn ergibt.

„Es gibt eine sehr gute Betreuung für deutsche Unternehmen, die hier investieren", sagt Thomas Zhang, der bei der Stadtregierung für die Zusammenarbeit mit den mittelständischen Unternehmen zuständig ist. Die Lokalverwaltung ist bestrebt zu helfen.

(gekürzt nach: https://taz.de/Deutsche-Firmen-in-China-ernuechtert/!5941371/)

Aufgaben

1. Wählen Sie die richtige Lösung aus.

(1) Kern-Liebers ist eine Firma, die ...

a. aus Norddeutschland kommt.

b. sich zur Zeit in Shanghai befindet.

c. Kraftfahrzeugzubehör produziert.

(2) Simon Veit, der Regionalleiter von Kern-Liebers, ...

a. hat etwa 30 Jahre in der Firma gearbeitet.

b. meint, dass sich die Firma bis zum Jahr 2018 rasant entwickelt hat.

c. arbeitet in einer kleinen Werkstatt.

(3) Die Gründe für die Verlangsamung der Entwicklung von Kern-Liebers in letzter Zeit...

a. liegen in dem Fachkräftemangel.

b. sind vielfältig.

c. sind auf die Coronapandemie und die neuen Steuerregeln zurückzuführen.

(4) Die Industriezone in Taicang ...

a. wurde in den 90er Jahren gegründet.

b. liegt in Südostchina.

c. ist die Heimat von mehr als 500 deutschen Unternehmen.

(5) „Hidden Champions" ...

a. gibt es in Taicang nicht viele.

b. dominieren in ihren jeweiligen Fachgebieten.

c. sind weltweit bekannt.

(6) Viele Unternehmen haben sich für Taicang entschieden, weil ...

a. sie über günstige Lage und Arbeitskräfte verfügt.

b. sie eine große Satellitenstadt ist.

c. sie weit von Shanghai entfernt liegt.

(7) In Taicang ...

a. hat man keine Chancen, Gebäude deutschen Stils zu sehen.

b. wird deutsches Essen an jeder Tankstelle angeboten.

c. findet jährlich ein Oktoberfest statt.

(8) FC Bayern München ...

a. trainiert nur die deutschen Kinder in Taicang.

b. hat mit der Regierung von Taicang gute Zusammenarbeit hinsichtlich des Fußballtrainings.

c. bekommt von der Bundesliga finanzielle Unterstützung für das Training.

(9) Fachkräftemangel ...

a. ist in Taicang kein großes Problem.

b. will die Lokalregierung nicht lösen.

c. führt zu Konkurrenzen mit den Arbeitslöhnen.

2. Wortschatz: -lassen

(1) sich nieder/lassen

Synonym: sich setzen

Als sich Kern-Liebers eine Autostunde nördlich von Shanghai niederließ, startete die Firma mit sechs Mitarbeitern.

(2) nach/lassen

Antonym: zu/nehmen

In den letzten Jahren hat das rasante Tempo nachgelassen.

✎**Übung**

Übersetzen Sie die folgenden Sätze ins Deutsche. Verwenden Sie dabei die obengenannten Wörter.

(1) 许多工程师来这里找工作并在这里定居。

_____

(2) 尽管工程师的工作很辛苦，但他的工作热情丝毫没有减退。

_____

3.Antworten Sie auf die folgende Frage. Warum wird Taicang als „deutsche Heimat in China" bezeichnet?

_____

_____

Text C

Investitionen in China: Chancen und Herausforderungen für deutsche Unternehmen nach der Pandemie

China hat sich relativ schnell von den Auswirkungen der Pandemie erholt. Von den großen Volkswirtschaften der Welt hat nur China 2020 ein positives Wirtschaftswachstum mit einer Wachstumsrate von 2,3 % erzielt. Auch wenn sich damit das chinesische Wachstum im Vergleich zu den Vorjahren verlangsamt hat, so hat es doch europäische und amerikanische Länder übertroffen und zeigt die Stärke der Wirtschaftsentwicklung Chinas. Für deutsche Unternehmen bedeutet sie, dass das Investitionsumfeld in China stabiler ist als in anderen Regionen der Welt.

(1) _____

In den letzten Jahren hat China die Verbesserung des Handels- und Geschäftsumfelds bei Themen wie Marktorientierung, Gesetzgebung und Internationalisierung beschleunigt. Die Marktorientierung bezieht sich dabei besonders auf die Beseitigung institutioneller Hindernisse, um so die vitalite Aktivität der Marktteilnehmer voll zu stimulieren.

(2) _____

China konzentriert sich auf Digitalisierung und grüne Wirtschaft und damit dieselben chancenreichen Entwicklungsbereiche, auf die auch Deutschland großen Wert legt. Derzeit befinden sich auch viele deutsche Unternehmen in der digitalen Transformation, gleichzeitig haben sie es noch nicht geschafft, wirklich davon zu profitieren. Solche Unternehmen haben ihre Geschäftstätigkeit in den Bereichen neue Energiefahrzeuge, Roboter, neue Informationstechnologie, Energieausrüstung, Schienenausrüstung, neue Materialien und andere Industrien. Sie haben Erfahrung in Automatisierung und Digitalisierung.

Gleichzeitig befinden sich deutsche Unternehmen in einer Zeit, in der die globale Umstellung auf Klimaneutralität heiß diskutiert wird, besonders auf Chinas „Dual Carbon"-Aktivitäten zur Förderung bei der CO_2-Emissionsspitze und CO_2-Neutralität.

Dabei beginnen Chinas Maßnahmen dafür sich bereits positiv auszuwirken. 76% der ausländischen Unternehmen glauben, dass Chinas Übergang in grünes und kohlenstoffarmes Wirtschaften die Attraktivität des chinesischen Marktes weiter erhöht hat. Mehr als die Hälfte der befragten Unternehmen plant, umweltfreundlichere und nachhaltigere Produkte für den chinesischen Markt bereitzustellen.

(3) _____

Auch die günstigen Logistikbedingungen zwischen China und Deutschland eröffnen attraktive Möglichkeiten für deutsche Unternehmen, in China zu investieren. So hat im Schienenverkehr beispielsweise DB Cargo Eurasia eine Tochtergesellschaft in Shanghai gegründet, um Kunden dadurch noch schnellere, maßgeschneiderte Logistikdienste zwischen China und Europa anzubieten. Bis Ende Januar 2022 haben die China-Europa-Güterzüge mehr als 50.000 Züge bewegt, mehr als 4,55 Millionen TEU an Gütern transportiert und dabei einen Warenwert von 240 Mrd. USD erreicht.

Im Bereich der Seefracht hat COSCO SHIPPING Ports, eine Tochtergesellschaft der staatlichen chinesischen Reedereigruppe, eine 35-prozentige Beteiligung am Hamburger Hafen erworben. Der Hamburger Hafen ist die wichtigste Logistikdrehscheibe für den see- und kontinentalen Warentransport zwischen China und Europa. Fast ein Drittel der Container, die das Hamburger Terminal passieren, stammen dabei aus China oder sind für den chinesischen Markt bestimmt. Die doppelte Verbesserung der Logistikbedingungen im Schienenverkehr- und in der Schifffahrt wird es mehr deutschen Unternehmen erleichtern, in China zu investieren.

Wer die Chancen nutzen will, sollte sich auch der Herausforderungen bewusst sein, wenn er oder sie das Chinageschäft ausbauen oder in China investieren will.

(4) _____

Der chinesische Markt ist sehr groß, aber aufgrund der kulturellen Kluft zwischen China und Deutschland müssen deutsche Unternehmen vor dem Eintritt in den chinesischen Markt zuerst verstehen, wie sie ihre Produkte und Dienstleistungen besser an die Bedürfnisse der chinesischen Verbraucher anpassen können. Viele heiß verkaufte Produkte in Europa erfahren beim Eintritt in den chinesischen Markt oft eine Eingewöhnungsphase.

(5) _____

Deutsche Unternehmen in China sind weiterhin voller Zuversicht in das Wachstum des chinesischen Marktes. Laut Andreas Grenz, Managing Partner von KPMG Deutschland, achten 49% der befragten deutschen Unternehmen auf den Bau neuer Produktionsstätten in

China, 47% auf die Erhöhung von Investitionen in Forschung und Entwicklung, 37% auf die weitere Produktionsautomatisierung und 30% auf die Verstärkung der Digitalisierung.

Und so verwundert es nicht, dass China anlässlich des 50. Jahrestages der Aufnahme diplomatischer Beziehungen zwischen China und Deutschland Investitionen deutscher Unternehmen begrüßt und sein Bestes tun möchte, um ausländische Investitionen zu erleichtern.

(gekürzt nach: https://www.investmentplattformchina.de/2-teil-zu-investitionen-in-china-chancen-und-herausforderungen-fuer-deutsche-unternehmen-nach-der-pandemie/)

Aufgabe

Formulieren Sie für die 6 Abschnitte jeweils eine Überschrift.

(1) _____

(2) _____

(3) _____

(4) _____

(5) _____

(6) _____

Text D

Deutsche Konzerne investieren verstärkt in China

Einer Studie zufolge gehen deutsche Direktinvestitionen weiter in großem Umfang nach China. Unternehmen investierten dort im ersten Halbjahr 10,3 Milliarden Euro. Das geht aus einer Analyse des Instituts der deutschen Wirtschaft (IW) hervor, die der Nachrichtenagentur Reuters vorlag.

Dieser Wert bedeutet zwar in absoluten Zahlen einen leichten Rückgang zum Rekordniveau von zwölf Milliarden Euro in den ersten sechs Monaten 2022. Es war aber noch immer der zweithöchste bislang registrierte Wert überhaupt. In allen ersten Halbjahren zwischen 2010 und 2020 wurde maximal halb so viel in China neu investiert, in der Regel sogar deutlich weniger. „Der Drang nach China ist also weiter auf hohem Niveau." Wichtiger noch: Der Anteil Chinas an allen deutschen Direktinvestitionsströmen ins Ausland kletterte sogar auf 16,4%. „So bedeutsam war das Land in Relation zum übrigen Ausland noch nie", sagte IW-Experte Jürgen Matthes.

Noch stärkerer China-Fokus

Denn Chinas Anteil an den gesamten Auslandsinvestitionen hatte im ersten Halbjahr 2022 nur bei 11,6% und vor der Coronakrise 2019 bei 5,1% gelegen. Die gesamten deutschen Direktinvestitionsflüsse ins Ausland hingegen fielen im ersten Halbjahr 2023 mit 63 Milliarden Euro deutlich niedriger als im Vorjahreszeitraum mit 104 Milliarden Euro. „Insgesamt ist der Trend nach China auch in diesem Jahr weitgehend ungebrochen", sagte Matthes. „Obwohl die deutsche Wirtschaft insgesamt sehr viel weniger zusätzlich im Ausland investiert, bleiben die neuen Direktinvestitionen in China fast so hoch wie zuvor." Der Großteil des Geldes stamme aus in China erzielten und dann reinvestierten Gewinnen. Der Anteil des übrigen Asiens lag im zu Ende gegangenen Halbjahr bei knapp 9%. Dies bezeichnete der IW-Forscher als vergleichsweise hoch - „aber auch nicht außergewöhnlich hoch". Chinas Anteil dagegen sei deutlich gestiegen und wesentlich höher. „Es ist also nicht zu einer Diversifizierung weg von China gekommen, im Gegenteil: Chinas Bedeutung relativ zum übrigen Asien hat noch weiter zugenommen." Es sei insgesamt bemerkenswert, dass fast ein Viertel der deutschen Direktinvestitionen zuletzt nach Asien geflossen sei.

(gekürzt nach: https://www.spiegel.de/wirtschaft/unternehmen/abhaengigkeit-von-china-deutsche-konzerne-investieren-verstaerkt-in-fernost-a-912d9c1d-2077-4249-b5ae-ff09ac40de4b)

Aufgabe

Ergänzen Sie die Tabelle mit den Zahlen aus dem Text.

	China	übriges Asien
deutsche Investitionen im ersten Halbjahr 2023 (in Euro)		/
deutsche Investitionen im ersten Halbjahr 2022 (in Euro)		/
Anteil an gesamten deutschen Auslandsinvestitionen im ersten Halbjahr 2023		
Anteil an gesamten deutschen Auslandsinvestitionen im ersten Halbjahr 2022		/
Anteil an gesamten deutschen Auslandsinvestitionen im ersten Halbjahr 2019		/
Gesamtwert deutscher Auslandsinvestitionen im ersten Halbjahr 2023 (in Euro)		/
Gesamtwert deutscher Auslandsinvestitionen im ersten Halbjahr 2022 (in Euro)		/

Teil 4 / Aufgabe

Zhang Mings Freundin, Li Yu, arbeitet in einem chinesisch-deutschen Joint Venture als Ingenieurin. Sie erhielt den Auftrag, das Produkt ihrer Firma - eine Frühstücksmaschine zu verbessern, so dass sie den Bedürfnissen der Chinesen gerechter wird. Worauf muss Li

Yu bei der Entwicklung für die Frühstücksmaschine achten? Was würde Zhang Ming ihr vorschlagen?

_____

_____

_____

_____

Evaluation

Bewerten Sie Ihren Lernerfolg mithilfe dieser Grafik. Auf jeder Achse sollen Sie einen Punkt auswählen und dadurch ein Viereck bilden wie im Beispiel.

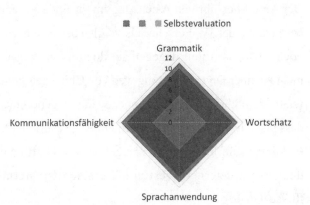

Glossar

Text Ⓐ

der	Umsatzzuwachs		销售增长
die	Handelskammer, -n		商会
	robust	Adj.	强壮的，健壮的
	wandelnd	Adj.	变化的
das	Geschäftsumfeld		经营环境
die	Personalaufwendung, -en		人力支出
	überschreiten		超过，越过
die	Umsetzung, -en		实现
der	Dekarbonisierungsplan, Dekarbonisierungspläne		脱碳计划
	zuversichtlich	Adj.	有信心的
	zugänglich	Adj.	供使用的

Text B

der	Mittelständler, -		中型企业
	sich an/siedeln		落户
der	Startschuss		发令枪声
die	Sparte, -n		领域；方面
die	Bandfeder		带形弹簧
	sich widerspiegeln		反应，表现
die	Uferpromenade, -n		岸边林荫道
die	Imitation, -en		模仿、仿造
	angrenzend	Adj.	邻近的
die	Interessenvertretung, -en		代表处
der	Nachwuchs		新生力量；下一代

Text C

die	Volkswirtschaft, -en		经济体
	übertreffen		超过
die	Marktorientierung		市场化
die	Gesetzgebung		法治化
das	Hindernis, -se		障碍
der	Marktteilnehmer, -		市场主体
	stimulieren		刺激
die	Umstellung		转型
die	Seefracht		海运
die	Reederei		海运业
die	Beteiligung		入股
die	Drehscheibe, -n		枢纽
	anlässlich + G	Präp.	（加第二格）值……之际

Text D

	vor/legen		以……为底
der	Drang, Dränge		渴望，追求
	außergewöhnlich	Adj.	不同寻常的
die	Diversifizierung, -en		多样化

Szenen vom Ingenieurstudium

Lernziel

◆ Sprachkenntnisse üben

◆ Chinas Stichwörter kennenlernen

◆ Bewusstsein für deutsch-chinesische interkulturelle Kompetenz fördern

◆ Fähigkeiten zur deutsch-chinesischen interkulturellen Kommunikation erhöhen

Teil 1 / Einführung

Während des Ingenieurstudiums in Deutschland erlebt Zhang Ming ein paar Szenen.

Teil 2 / Szenen in Deutschland

Szene 1 Seminar an der Universität

In der 1. Woche besucht Zhang Ming Seminar. Er bemerkt, dass Seminar sehr oft an der Universität zu sehen ist.

Achten Sie auf drei Tipps für Seminar.

(1) Seien Sie aktiv!

(2) Machen Sie Zusammenarbeit mit anderen!

(3) Drücken Sie Ihre Meinung aus!

(4) Begründen Sie Ihre Meinung!

Szene 2 Präsentation im Kurs

An der Universität macht Zhang Ming Gruppenarbeit mit ein paar Mitstudenten. Danach soll jede Gruppe eine Präsentation im Kurs machen, die ihre Arbeitsergebnisse zeigt.

Achten Sie auf die Tipps für Präsentation.

(1) Beim Sprechen Blickkontakt mit den Zuhörern suchen, nicht auf den Boden, oder auf das eigene Notebook schauen.

(2) Achten Sie Auf Betonung, sprechen Sie nicht monoton. Tempo-, Lautstärkewechsel etc. können verwendet werden.

(3) Darauf achten, dass Sie nicht die Projektion der Folien verdecken (vor dem Beamer stehen).

(4) Vermeiden Sie, unruhig herumzulaufen.

(5) Versuchen Sie, die Zuhörer von der Kernaussage Ihres Vortrags zu begeistern.

(6) Lesen Sie nicht von Folien ab. In den Folien sollten nur wichtige Informationen erfasst werden.

(7) Sie können Farben zum Herausheben oder Unterscheiden von Informationen benutzen.

(8) Die Schriftgröße sollte nicht zu klein sein.

(9) Körperhaltung und Kleidung sind auch wichtig.

Szene 3 Laborarbeit an der Universität

An der Universität macht Zhang Ming Laborarbeit. Regelmäßig soll er einen ausführlichen Laborbericht schreiben, der zeigt, ob er die Ziele der Laborarbeit erreicht hat.

1. Achten Sie auf die Tipps für Laborarbeit.

(1) Besuchen Sie pünktlich das Labor. Bei Abwesenheit sagen Sie dem Betreuer Bescheid vorab früh wie möglich.

(2) Nutzen Sie die Chance, eine Vorbesprechung mit dem Betreuer vor dem Versuchstermin zu vereinbaren, um die Inhalte und den Ablauf des Versuches durchzusprechen.

(3) Legen Sie vor dem Versuch fest, wer welche Aufgabe übernimmt.

(4) Achten Sie auf die Sicherungsunterweisungen am ersten Praktikumstag, z.B. wo die Geräte oder Chemikalien liegen, was man im Notfall machen muss.

(5) Vor dem Versuch sollten Sie das Ziel, die Theorie, die Durchführung und die Erwartung der Ergebnisse kennen. Nach dem Versuch sollten die Daten richtig, ausführlich berechnet und bearbeitet werden. Dann vergleichen Sie die Ergebnisse mit Literatur oder finden die Fehlerquellen bei dem Versuch.

2. Lesen Sie den Vorschlag für einen Laborbericht und diskutieren Sie zu zweit, was Ihnen auffällig sind.

Vorschlag für Protokollstruktur BVT

1 Einführung

1.1 Zielsetzung

Beschreiben Sie in eigenen Worten Zielsetzung und Inhalt des Versuches.

1.2 Theoretische Grundlagen

Theoretische Grundlagen zum Organismus, Stoffwechsel (soweit für Versuch relevant) und zur Prozessführung. Literaturangaben zu Zitaten, verwendeten Graphiken o.ä. (auch in anderen Kapiteln des Protokolls)!

2 Vorbereitung und Durchführung

2.1 Material und Methoden

Beispiel:

2.1.1 Geräte

Verwendete Geräte (Spez. Geräte wie Bioreaktoren, alle Analysengeräte, Software für Datenerfassung, wichtige weitere Geräte: Typ + Hersteller angeben)

2.1.2 Chemikalien

Chemikalien, ggfs. Rezepte/Zusammensetzungen von Medien und Lösungen, bei bereitgestellten Lösungen Herstelldatum, Mikroorganismus (Ident.-Nr.), Vorlagematerial (Agarkultur, ···)

2.1.3 Analytik

Nennung der Methoden, kurze Beschreibung, falls gefordert Messprinzip / theoretische Grundlagen erläutern; Abweichungen zur Vorschrift angeben: z.B. ob Proben eingefroren und später analysiert wurden), Datendokumentation

2.2 Durchführung

In zeitlicher Abfolge beschreiben! Zeiten angeben (Datum/Uhrzeit) falls wichtig. Auch hier **Strukturierung** in z.B. Vorbereitung (Fermenteraufbau + Sterilisation, Vorkulturanzucht,···), Fermentationsverlauf (Ferm.-bedingungen, Ablauf, Beobachtungen, Eingriffe/Veränderungen, Absprachen, Abweichungen von der Versuchsvorschrift, ···)

3 Auswertung

Auswertung **strukturieren**! Zunächst eine Übersichtstabelle, dann Detailtabellen!

Erstellen Sie übersichtliche und ordentlich formatierte Tabellen. Wenn Sie verschiedene Parameter miteinander vergleichen oder Berechnungen auf Basis von Messwerten durchführen, sollten Sie die zugrundeliegenden Daten immer mit in die Berechnungstabelle aufnehmen. Grundsätzlich bei Berechnungen die Formeln im Protokoll angeben, mit einer Beispielberechnung.

Angabe der Einheiten in Tabellen, Graphen und Formeln nicht vergessen!!!

Tabellen sollten nummeriert werden (Kapitel-korreliert + lfd. Nr.)

Legende oben (Titel)!

Fassen Sie die Daten sinnvoll zusammen!

Ggfs. eine große Tabelle im Querformat einfügen.

Erstellen Sie die zugehörigen Graphen in direktem Zusammenhang mit den Tabellen!

Graphiken sollten ebenfalls nummeriert werden (Kapitel-korreliert + lfd. Nr.)

Legende unten! Aber das Diagramm sollte trotzdem einen Titel haben!

Verwenden Sie ggfs. eine zweite y-Achse! Achten Sie auch hier auf eine vernünftige Zusammenstellung der dargestellten Daten.

Wachstumsgekoppelte Parameter wie BFM, BTM, OD zusätzlich in halblogarithmischer Darstellung auftragen!

Stellen Sie nicht zu viele Daten in einem Diagramm zusammen! Besser: mehrere Darstellungen mit korrelierender x-Achse untereinander darstellen!

Die Graphen sollten nicht breiter sein als die DIN A4-Seite im Hochformat! Wenn die zugehörige Exceldatei vorliegt, können Details notfalls dort angesehen werden.

Kommentieren Sie kurz die erhaltenen Ergebnisse!

Prüfen Sie, ob Sie alle im Script geforderten Auswertungen, Berechnungen, etc. erledigt haben!

4 Diskussion

Erstellen Sie eine **ausführliche** Abschlussdiskussion, in der Sie die Daten „versuchsintern" miteinander vergleichen (auf Logik und Korrelation von verschiedenen Daten achten: z.B. kann nicht mehr Protein als BTM vorhanden sein! Verhalten sich Zusammenhänge stetig? Auch übergreifend / extern z.B. mit Literaturdaten vergleichen.

Fehler / Absprachen ausdiskutieren / erklären

Bewertung des Versuchsablaufs und der erhaltenen Daten

5 Literatur

Geben Sie alle Quellen an, die Sie verwendet haben!

Beispiel:

[1] Produktkatalog der Firma Sigma Chemicals 2021, S.376

Szene 4 Chinas Geschichten gut erzählen

Zhang Ming wird eingeladen, am internationalen Austauschtag der Universität eine Rede über China zu halten. Aus einer interkulturellen Perspektive hat er das Thema *Energieverbrauch in China* festgestellt.

Energieverbrauch in China

In China sank der Anteil des Kohleverbrauchs am Energieverbrauch stetig, und der Anteil sauberer Energie stieg erheblich. Die installierte Kapazität und Stromerzeugung der Photovoltaik- und Windenergie sowie die Produktion und der Vertrieb neuer Energiefahrzeuge belegten weltweit erste Plätze. Chinas Kohlendioxidemissionen pro BIP-Einheit werden 2020 das der internationalen Gemeinschaft versprochene Ziel von 40%—45% überschreiten. Damit wird China eines der Länder mit der schnellsten Verringerung der Energieverbrauchsintensität der Welt. Gleichzeitig werden wir aktiv an der globalen Umwelt- und Klimapolitik teilnehmen und uns feierlich verpflichten, die Kohlenstoffspitzenziele bis 2030 und die Kohlenstoffneutralitätziele bis 2060 zu erreichen.

Aufgaben

1. Das Thema ist wichtig, wenn wir Chinas Geschichten gut erzählen. Lesen Sie den Text über Energieverbrauch in China.

(1) Übersetzen Sie den Text ins Chinesische.

_____

_____

_____

_____

(2) Denken Sie darüber nach, ob das Thema geeignet ist, wenn wir Chinas Geschichten gut erzählen. Begründen Sie Ihre Meinung.

2. Machen Sie Selbstevaluation für deutsch-chinesische interkulturelle Kompetenz.

Selbstevaluation für deutsch-chinesische interkulturelle Kompetenz

1. sehr zufrieden

2. zufrieden

3. nicht so zufrieden

4. gar nicht zufrieden

5. keine Angaben

1. Bewusstsein für deutsch-chinesische interkulturelle Kompetenz

1) Bewusstsein für die Gemeinsamkeiten und Unterschiede der kulturellen Identität im Umgang mit Deutschen (1 2 3 4 5)

2) Bewusstsein für die Notwendigkeit, interkulturelle Kommunikationsszenarien zwischen Deutschland und China aus verschiedenen kulturellen Perspektiven zu betrachten (1 2 3 4 5)

2. Kenntnisse für deutsch-chinesische interkulturelle Kommunikation

1）die sozialen Normen in Deutschland zu kennen (1 2 3 4 5)

2）kulturelle Tabus in Deutschland zu kennen (1 2 3 4 5)

3）die deutschen Sprechakte zu kennen (1 2 3 4 5)

3.Einstellung zur deutsch-chinesischen interkulturellen Kommunikation

1）Bereit sein, die deutsche Sprache und Kultur zu erlernen (1 2 3 4 5)

2）Bereit sein, die deutsche Lebensweise und Sitten zu respektieren(1 2 3 4 5)

3）Bereit sein, sich mit Deutschen zu kommunizieren und von Deutschen zu lernen (1 2 3 4 5)

4. Fähigkeiten zur deutsch-chinesischen interkulturellen Kommunikation

1) Fähigkeit zur Sensibilisierung für die interkulturellen Unterschiede zwischen China und Deutschland(1 2 3 4 5)

2) Fähig sein, im Umgang mit Deutschen Höflichkeit und Prinzipien zu wahren (1 2 3 4 5)

3) Fähig sein, in der Kommunikation mit Deutschen nicht über private Themen zu sprechen (1 2 3 4 5)

4) Fähigkeit zur Reflexion und zum Lernen sowie zur angemessenen Lösung von interkulturellen Konflikten und Missverständnissen (1 2 3 4 5)

Szene 5 Exkursion

In der Webseite der Universität gibt es eine Mitteilung für eine Exkursion. Zhang Ming liest die Mitteilung vor.

Donnerstag, 3. September 2020

Treffpunkt: 9 Uhr, Bahnhof Tharandt

Beschreibung: Die Exkursion führt mit einer ca. 1,5 bis 2-stündigen Wanderung durch den breiten Grund (eine Wegstrecke) zur Klimastation Wildacker und zum Ökologischen Messfeld, wo wir uns die langjährigen meteorologischen Messungen auf einer Waldlichtung und die Messungen zum Energie-, Wasser- und Kohlenstoffhaushalt in einem Altfichtenbestand anschauen werden.

Die Rückkehr erfolgt zu Fuß zurück nach Tharandt mit der Möglichkeit des gemeinsamen Mittagessens (private Organisation der Teilnehmenden).

Falls nicht anders möglich (!) kann ein Transport für weniger mobile Teilnehmer mittels PKW direkt zu den beiden Stationen und zurück organisiert werden.

Für Rückfragen zur Exkursion stehen Dr. Thomas Grünwald oder Heiko Prasse zur Verfügung.

(nach:https://tu-dresden.de/bu/umwelt/hydro/ihm/meteorologie/forschung/veranstaltungen/ fk2020/exkursion?set_language=de)

Aufgaben

Lesen Sie die Mitteilung für eine Exkursion. Möchten Sie daran teilnehmen und warum? Sprechen Sie mit Ihrem Partner oder Ihrer Partnerin.

Szene 6 Praktikum von Ingenieurstudierenden im Ausland

Vor dem Abschluss soll Zhang Ming ein Praktikum machen. Zhang Ming möchte das nicht in Deutschland schaffen. Er informiert sich über ein Praktikum im Ausland.

Auslandsmobilität von Ingenieurstudierenden in Deutschland

Bei den Absolventinnen und Absolventen der Ingenieurwissenschaften an deutschen Hochschulen verharrt der Anteil derer, die über Auslandserfahrung verfügen, ohnehin seit Jahren auf niedrigem Niveau. Im Ausland erworbene Kompetenzen spielen aber bei der Karriereentwicklung von Akademikerinnen und Akademikern eine große Rolle. Das belegt eine Studie, die 2020 unter Mitwirkung des Deutschen Akademischen Austauschdienstes (DAAD) entstand.

„Für mich war die Motivation, einfach mal etwas Neues kennenzulernen", sagt Frederik Schulze Spüntrup, Präsident der European Young Engineers (EYE) und seit vielen Jahren aktiv im VDI über seine Studienzeit im Ausland. Ihm sei trotz einer ablehnenden Haltung mancher Lehrenden klar gewesen, dass die durch Praktikum oder Studium im Ausland erworbenen Kompetenzen im späteren Berufsleben einen Mehrwert mit sich bringen würden. Genauso sieht das Andreas Gresser, Versuchsingenieur im Bereich Gasmotoren bei Rolls Royce Power Systems AG in Augsburg: „ Es ging für mich darum, die eigene Komfortzone zu verlassen." Dabei habe er durch den Perspektivwechsel u. a. seine Anpassungsfähigkeit und Problemlösungskompetenz geschult und darüber hinaus seine Fremdsprachenkenntnisse stark verbessert.

Obwohl viele Ingenieurinnen und Ingenieure mit Auslandserfahrung über die Mehrwerte berichten und Unternehmen immer wieder herausstellen, dass die durch Auslandserfahrung erworbenen Kompetenzen bei der Karriereentwicklung von Ingenieurinnen und Ingenieuren eine große Rolle spielen können, stagniert die Zahl der Ingenieurstudierenden an deutschen Hochschulen mit Auslandserfahrung seit Jahren auf vergleichsweise niedrigem Niveau. Im Jahr 2017/2018 machte die Fächergruppe der Ingenieurwissenschaften neun Prozent der Studierenden im Ausland aus. Nachteile wie Organisationsaufwand, Zeitverlust und Probleme bei der Anerkennung sowie Kosten werden immer wieder als Gründe genannt, nicht ins Ausland zu gehen. „ Durch gute Vorbereitung und Information im Vorfeld lassen sich viele Unsicherheiten beseitigen. Die Vorteile von Auslandserfahrung wiegen die Nachteile deutlich auf", kommentiert dies Andreas Gresser.

Welche Rolle die Hochschulen aus seiner Sicht haben, formuliert Jürgen Kretschmann, Präsident der Technischen Hochschule Georg Agricola zu Bochum: „ Die Hochschulen haben die Aufgabe zur Berufsbefähigung und Berufsintegration". Dazu gehörten heutzutage bei den Ingenieurinnen und Ingenieuren neben der Vermittlung der Fachkompetenzen die Befähigung zum Blick über den Tellerrand. „ Ingenieurinnen und Ingenieure bewegen sich schließlich nicht im leeren Raum", so Kretschmann. Auslandserfahrung helfe dabei, viele der im Berufsleben gefragten Kompetenzen zu schulen. Daher solle ihr Erwerb gefördert und unterstützt werden."

(nach: https://www.vdi.de/news/detail/auslandsmobilitaet-von-ingenieurstudierenden-in-deutschland)

Aufgaben

1. Lesen Sie den Text und füllen Sie die Tabelle aus.

Vorteile vom Praktikum im Ausland	Nachteile vom Praktikum im Ausland

2. Möchten Sie ein Praktikum im Ausland machen? Diskutieren Sie zu zweit.

Teil 3 / Aufgabe

Nach dem Abschluss wird Zhang Ming ein ausgezeichneter Ingenieur. Zuerst hat er in Berlin gearbeitet, dann ist er nach China zurückgekehrt. Er arbeitet in Shanghai erfolgreich. Zum Jubiläum wird er von seiner Alma mater, der Universität in Hangzhou eingeladen, eine Rede über studentische und berufliche Erfahrungen zu halten.

Evaluation

Bewerten Sie Ihren Lernerfolg mithilfe dieser Grafik. Auf jeder Achse sollen Sie einen Punkt auswählen und dadurch ein Viereck bilden wie im Beispiel.

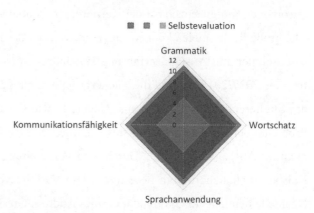

Glossar

der	Kohleverbrauch	煤炭消费
der	Energieverbrauch	能源消费
die	Stromerzeugung,-en	发电量
die	Photovoltaikenergie,-n	光伏能源
die	Windenergie,-n	风能
	neue Energiefahrzeuge	新能源汽车
die	Kohlendioxidemission, -en	二氧化碳排放
die	Energieverbrauchsintensität	能耗强度
die	Kohlenstoffspitze	碳达峰
die	Kohlenstoffneutralität	碳中和
der	Wirtschaftswachstum	经济增长
	Reform und Öffnung	改革开放
der	Marktzugang, Marktzugänge	放宽市场准入
die	Transparenz	透明度
das	Eigentumsrecht,-e	所有权

	forcieren	加快
die	Fairness	公平
die	Gerechtigkeit	正义
	modernisieren	使现代化
	Fortschritte erzielen	取得进步
die	Armutbekämpfung	扶贫
	gezielte Armenhilfe und Armutsüberwindung	精准扶贫、精准脱贫
	voran/treiben	推进
die	Entwicklungsmotivation	发展动力
die	Armenhilfe	扶贫
	intensivieren	加强
die	Win-win-Situation	双赢
der	Multilateralismus	多边主义
der	Versuchsingenieur	测试工程师